化学工业出版社
·北京·

图书在版编目(CIP)数据

紫檀珠子/刘桂根著. —北京：化学工业出版社，2019.1

ISBN 978-7-122-33446-6

Ⅰ.①紫… Ⅱ.①刘… Ⅲ.①紫檀-首饰-鉴赏 Ⅳ.①TS932.4

中国版本图书馆CIP数据核字（2018）第280685号

责任编辑：郑叶琳　张焕强　　　　装帧设计：尹琳琳

责任校对：宋　玮

出版发行：化学工业出版社

（北京市东城区青年湖南街13号　邮政编码100011）

印　　装：北京久佳印刷有限责任公司

880mm×1230mm　1/32　印张$6^1/_2$　字数224千字

2020年4月北京第1版第1次印刷

购书咨询：010-64518888

售后服务：010-64518899

网　　址：http://www.cip.com.cn

凡购买本书，如有缺损质量问题，本社销售中心负责调换。

定　　价：49.00元　

前言

紫檀木历来为世人所珍视，居于红木之首，有“木中之王”的称号。因其特有的性质，没有哪种木材能比紫檀更适合制作既适合盘玩又适合佩戴的高档珠子。如今，紫檀珠子已红遍大江南北，飞入百姓人家，成了大家佩戴、养生、收藏的宠儿。

笔者从事紫檀鉴赏、收藏十余年，对紫檀的料质、纹理和鉴定形成了自己的见解。为使读者全面掌握选择、收藏、生产紫檀珠子的知识，特编写了本书。

本书的主要内容，是对紫檀珠子的规格、外形、纹理、料质、鉴别、选料、生产、分类、购买、配饰、盘玩、保养等进行介绍，同时也对小叶紫檀与黄花梨等其他木质珠子在生产、纹理及搭配等方面进行了对比。为使内容更为直观，本书配有大量珠子图片，个别内容为讲解透彻会插入少量原木、把件或摆件之类成品图片。

需要说明的是，书中所列珠子图片没有说明材质的均指小叶紫檀，所述紫檀或小叶紫檀均指印度小叶紫檀，即檀香紫檀。尺寸中没有标明单位的均为厘米。此外，本书阐述小叶紫檀珠子的现代工艺和佩戴，非局限传统意义的“佛珠”，对“佛珠”的各种规定和缘由不做解说，读者可参考相关书籍或文章。

本书主要讲紫檀珠子，读者如果要了解紫檀纹理、料质等方面的科普知识，可以参考笔者编写的另一本书——《紫檀收藏入门百科》。

最后，感谢广大“木友”的关心和支持。大家都是玩木高手，笔者只是将自己这些年来看到的、学到的、想到的和实验的有关紫檀珠子方面的知识整理出来，通过图片和文字的形式展现给大家。书中不足之处还请大家批评指正！

刘桂根

目录

1

第一章
紫檀珠子概述

第一节
紫檀简介

我们常说的紫檀，是指印度小叶紫檀，学名为檀香紫檀，主产于印度南部的卡纳塔克邦（旧名迈索尔邦）地区，与市面所讲的非洲紫檀、印尼紫檀、大叶紫檀、红檀、绿檀、科檀等，无论是材质还是价格都相差很大；即使是印度紫檀，也与印度小叶紫檀是完全不同的两个树种。本书后续章节，没有特别说明，所述紫檀均指檀香紫檀。

紫檀沉稳厚重、质如婴肤，是古代三大贡木（印度小叶紫檀、海南黄花梨、老挝大红酸枝）之一，属红木之首，素有“木中之王”的称号。

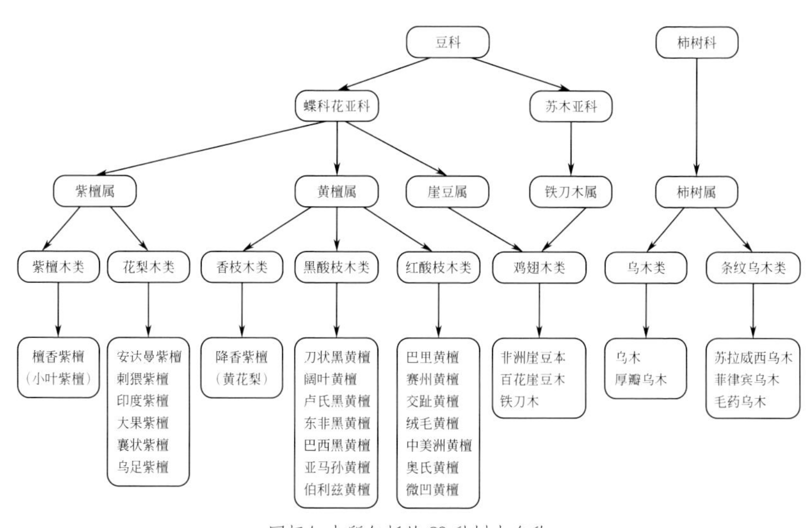

国标红木所包括的 29 种树木名称

早在晋、唐时期，我国就有描述及使用紫檀的诗句。晋《古今注》云：“紫檀木，出扶南（指东南亚），色紫，亦谓之紫檀。”唐代诗人孟浩然在《凉州词》中有写道：“浑成紫檀金屑文，作得琵琶声入云。胡地迢迢三万里，那堪马上送明君。”到明朝，皇宫极为重视紫檀木器，据说当时朝廷还专门派官员赴南洋采办。到明末，南洋各地紫檀木基本采伐殆尽；至清初，当时所产紫檀木绝大多数汇集于中国。而清代所用紫檀木也都为明代所采，清代也曾派人到南洋采办，但大多粗不盈握，曲节不直，根本无法使用。这是因为紫檀木生长缓慢，非数百年不能成材。正因如此，紫檀木也更为世人所珍视。

紫檀原木和拆房老料

在国标《GB/T 18107-2017 红木》中，规定了紫檀木类必备的条件。

1. 紫檀属 (*Pterocarpus*) 树种。

2. 木材结构甚细至细，平均管孔弦向直径不大于 160μm。

3. 木材含水率 12% 时气干密度大于 $1.00g/cm^3$。

4. 木材的心材，材色红紫，久则转为黑紫色。

第二节
珠子的历史

在旧石器时代，人们就开始使用贝壳、兽骨、牙齿等原料，磨制成不同大小和形状的珠子，用树藤或皮条串成珠串，挂在身上，起到标明个人身份、部落特点及装饰外表之用。在很多中外史前文明的文化遗址中，都出土有不同材质的珠子。在古印度哈拉帕文明遗址中，还出土有一颗刻有三只猴子嬉戏的珠子，栩栩如生。到了先秦时期，我国已经能从文献中找到关于珠子的记载。《礼记·正义》有珠玉串联佩带制度，《诗经·国风》也有男女互赠玉佩珠玑的描述，成语“买椟还珠”也是出自那个时期。

早期人们是手工制珠，原料主要有木、骨、玻璃、果壳、贝壳、玉石、水晶、金属等。青铜冶炼带来一种副产品——琉璃，被运用到珠子的制作中，生产了一种俗称“蜻蜓眼”的琉璃珠子，从西周一直风行到西汉，它不仅华丽，而且蕴含着一种神秘的光彩。

蜻蜓眼琉璃珠

到唐、宋、元等时期，珠子的历史也一直蓬勃发展，从未断过，明清时期更是达到了顶峰。一方面，寻常百姓也大量地使用珠子来打扮、装饰或把玩，佛家、道家用来从事法事；另一方面，朝廷和地方州府也用不同材料和不同配法的串珠来区分官员身份和等级。清代的朝珠就是一个皇权的高度集中表现。它由 108 颗珠子贯穿而成，由身子、佛头、背云、纪念、大坠、坠角六部分组成，每个部分使用不同的材质来制作，代表着不同的地位。

清代紫檀朝珠

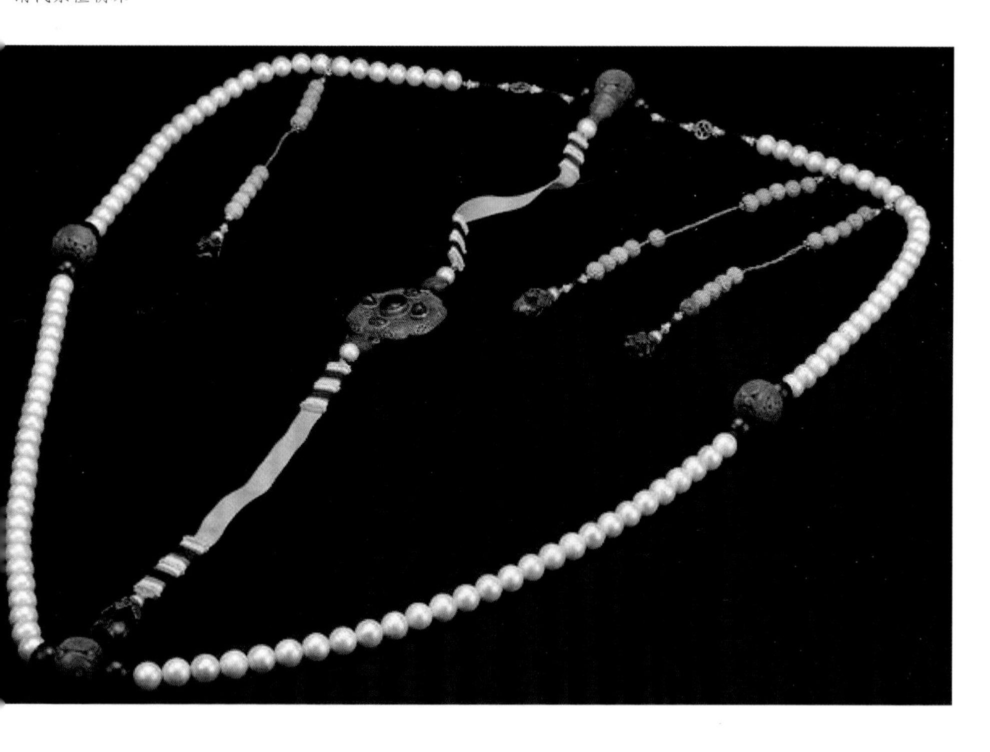

今天人们佩戴珠子，已远远超出了皇权、宗教的束缚，在材质、数量、大小、搭配上都不受限制，可以按自己的喜好、审美，自由地进行配制、穿戴和把玩，真正达到美观、保健、娱乐的作用。

第三节 紫檀珠子概述

紫檀木质紧密坚硬，百毒不侵、千古不朽，且能避邪祛病，一直被人们尊为“圣物”。紫檀制作的珠子油润光泽，沉稳深邃、神圣静谧，是其他树木所不能及的，因此紫檀珠子自然就成了佛家的重要法器、玩家的心仪宠儿、藏家的箱底珍品。今天的紫檀珠子，早已没有了传统礼制的限制，它随着我国经济的快速发展，已渗入大江南北，遍布百姓人家，成了大家佩戴、养生、收藏的宠儿。

据明朝李时珍所著《本草纲目》本部第三十四卷记载：“紫檀，咸，微寒，无毒；主治：止血，止痛，疗淋，敷刀伤，祛风湿，治溃疡。”这说明紫檀不仅有装饰和把玩的作用，更具有医疗、保健、养生之功效；它既是收藏的精品，更是上等的中医药材。紫檀珠子因长时间地与人体皮肤接触，其保健养生功能将更加直接有效。

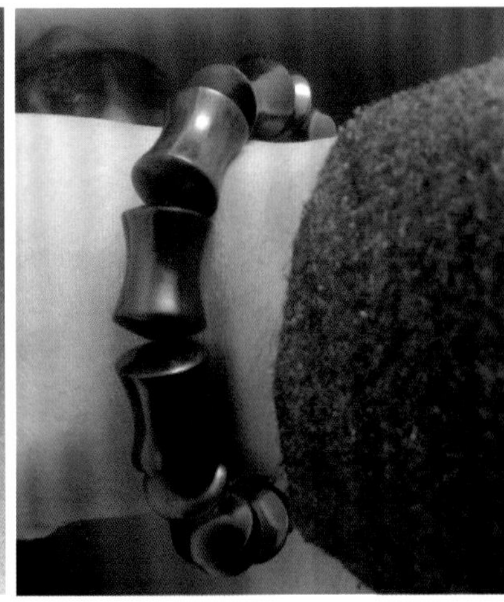

节珠与手腕接触的面大

紫檀比黄花梨要重要硬，比酸枝更细更润。其制成的珠子敲不破，压不烂，盘在手上，沉甸甸的，手感迥然不同，明显比其他木头厚重，盘玩过程还能闻到淡淡檀香，后期渗出古朴神秘的包浆，大气、耀眼，木珠之王，当之无愧，还没有哪种木材能比它更适合制作既适合盘玩又适合佩戴的高档珠子。

紫檀珠子按佩戴的方式可分为：挂链、手链和手串。挂链主要佩戴的脖子上，通常配有吊坠。手链主要缠绕在手腕上，很少配吊坠。手串一般是单圈，直接戴在手腕上。紫檀珠子按外形可分为：圆珠、桶珠、苹果珠、米珠、竹节珠、枣珠、橄榄珠等。紫檀珠子按料质可分为：高油密珠子和普通珠子。紫檀珠子按纹理可分为：金星珠子、瘿木珠子、水波纹珠子、牛毛纹珠子。紫檀珠子按加工地点可分为：印度珠和国产珠，印度珠是指在印度制作好的珠子或在印度做好了珠胚子再到国内加工成成品的珠子，珠孔通常比国内原木加工的要大，质量也比国内加工的要差，市面上又称其为“大孔珠”。紫檀珠子按加工工艺可分为：干制和水制，干制工序少，温度高，制作简单，但油性和水分损耗大，制出的珠子容易开裂，特别是靠近珠孔部位。水制工序多，制作成本高，但珠子的质量比干制的要好，名贵木材一般都采用水制方法制作珠子。地摊上现料现做的通常都干制珠子。

印度珠不圆、修补多、孔更大、串线粗

地摊上加工珠子（左）
与大型龙门水切机切片（右）工艺图

尽管紫檀珠子的外形、纹理、使用方式等各有不同，但其医疗、保健和养生功能都同样存在。

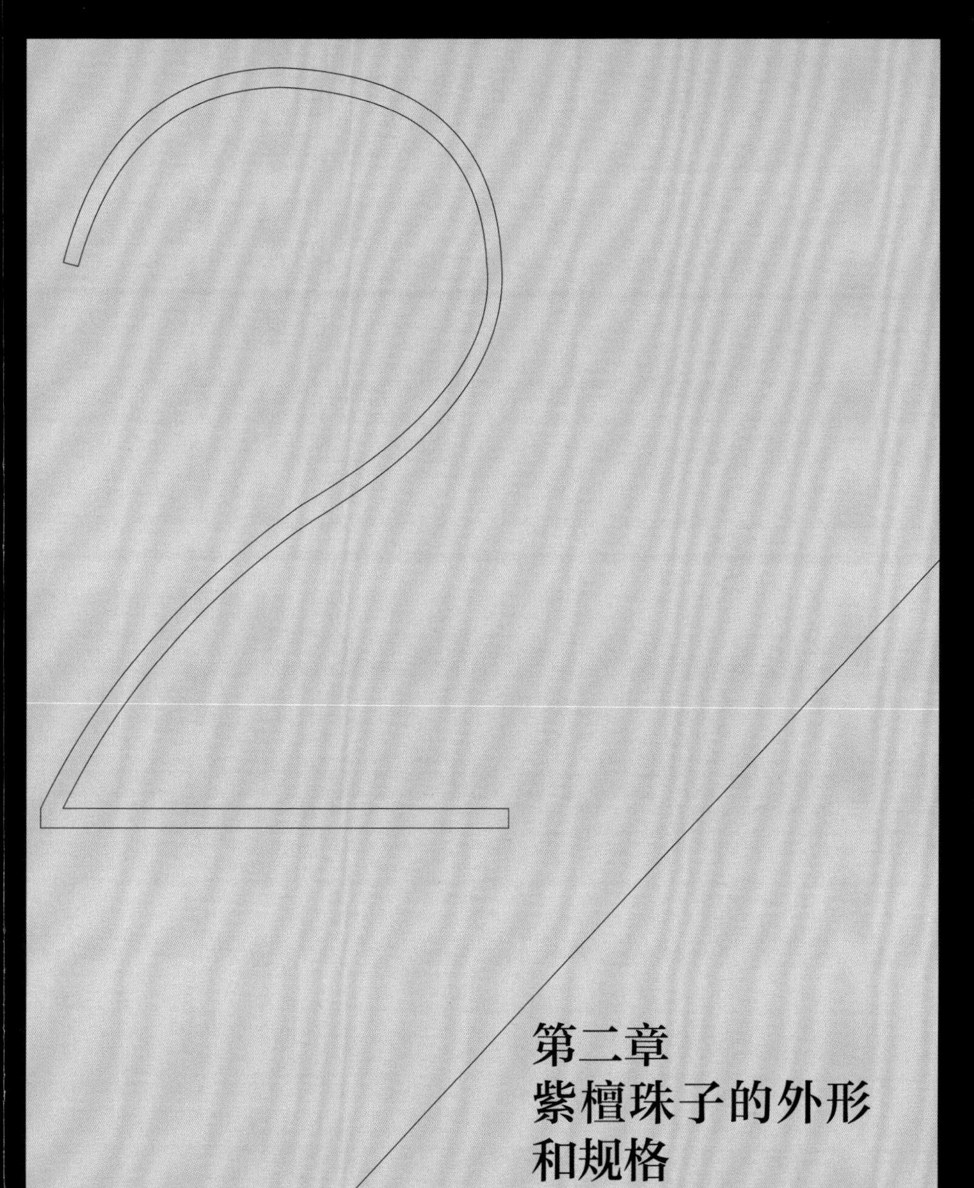

第二章 紫檀珠子的外形和规格

第一节
圆珠

市场上的紫檀珠子，以圆珠的数量为最多。圆珠加工比较方便，配套的生产设备也更多更全。圆珠每个面都是球面，盘玩起来更轻松自如，不卡不堵，特别是手持念珠，拨珠念数，如行云流水。

2.0 圆珠手串
形状外观

圆珠的一个主要规格参数是外径，我们常说的2.0、1.8、1.5、0.8等规格的圆珠，指的就是珠子的外径，单位是cm，即厘米，本书中提到珠子规格时，如果没有标明尺寸单位，均为厘米。

把玩 2.0 圆珠念珠

1.8 规格圆珠外径的测量

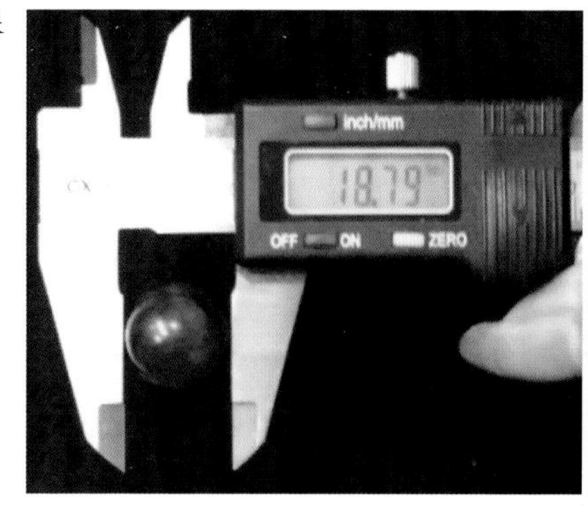

0.6 圆珠的长度

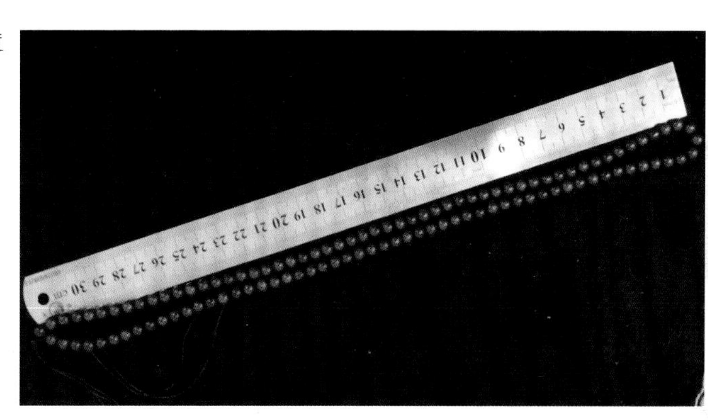

圆珠主要有手串、挂链(手链)和念珠等，通常以1.0为界，挂链(手链)的外径为1.0(含1.0)以下，常用的规格有：1.0、0.8、0.6、0.3等，0.3多为216颗(不含三通)，其他规格为108颗(不含三通)；手串为1.0以上，常用的规格有：1.2、1.5、1.8、2.0、2.2、2.5、3.0等，颗数(含三通)大体是：19、15、13、12、11、10、9。这些都是标配，用户可以按自己手腕的大小添加或减少珠子的数量；念珠多在1.2～2.2之间，颗数不含三通通常是18颗到108颗之间。

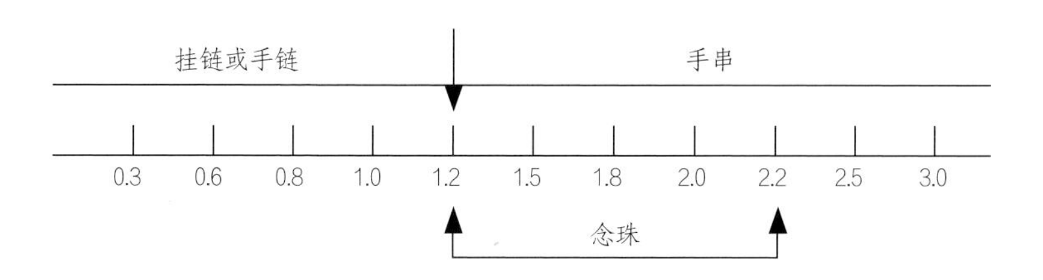

规格	0.3	0.6	0.8	1.0	1.2	1.5	1.8	2.0	2.2	2.5	3.0
颗数	216	108	108	108	19	15	13	12	11	10	9
用途	挂链 手链	挂链 手链	挂链 手链	挂链 手链	手串 念珠	手串 念珠	手串 念珠	手串 念珠	手串 念珠	手串	手串

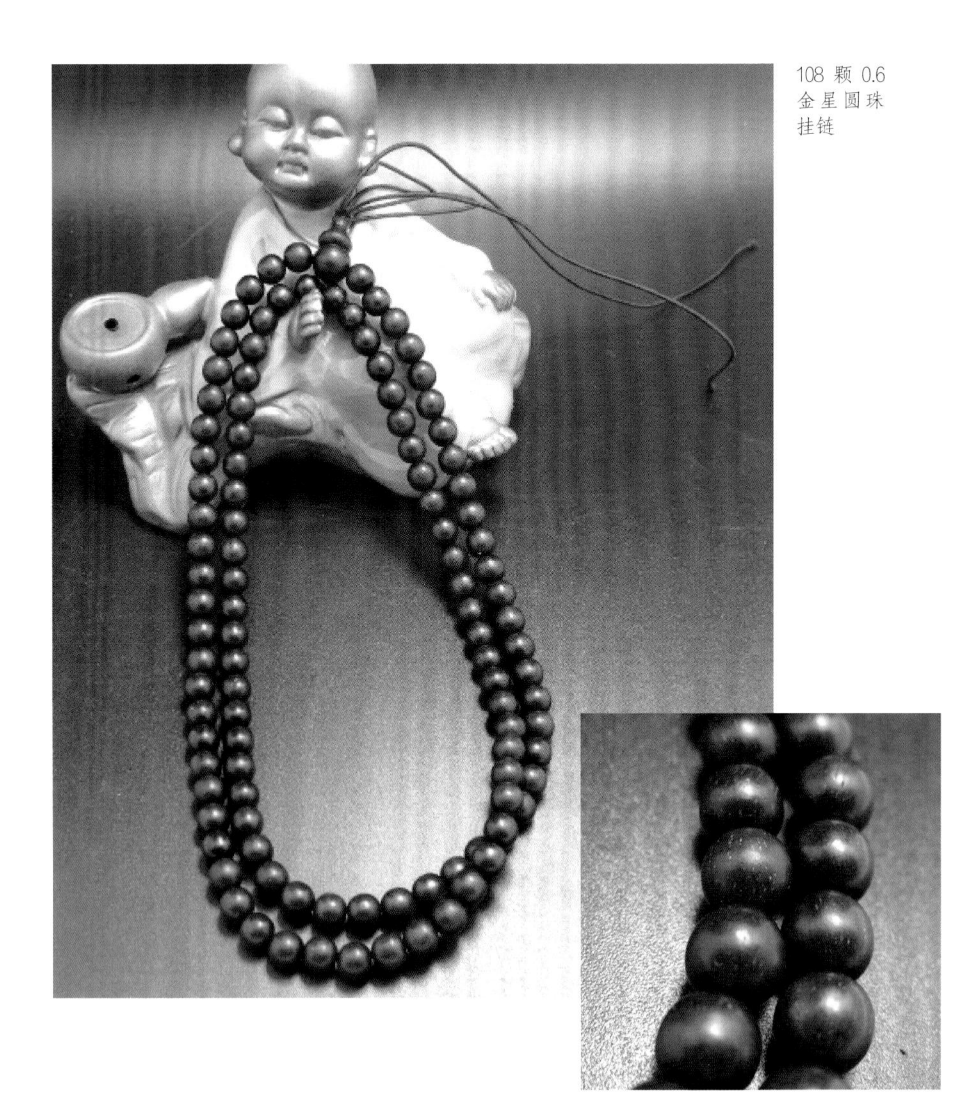

108 颗 0.6 金星圆珠挂链

除了上面的一些规格外，还有一些特殊的规格，如3.5、4.0、4.5的，它们主要用作手球，即保健珠，成对出售，也有17颗左右成串挂在摆件上做装饰用。

17颗4.5圆珠挂件

第二节 枣珠和橄榄珠

枣珠和橄榄珠是除圆珠外使用比较多的珠形，因珠子的外形与红枣和橄榄相似而得名。紫檀枣珠通常寓意丰收、喜庆、红火，给人以饱满充实的感受；橄榄珠则寓意着和平、安详、融洽，给人以自然包容的感觉。枣珠和橄榄珠都具椭圆面，既可当念珠盘玩，也可做漂亮的手串佩戴。

红枣和橄榄的外形

1.5×2.0 的枣珠

1.5×2.0 的橄榄珠

枣珠和橄榄珠主要有以下两个规格：1.2×1.8 和 1.5×2.0。其尺寸测量位置如下面两图：

枣珠和橄榄珠尺寸规格

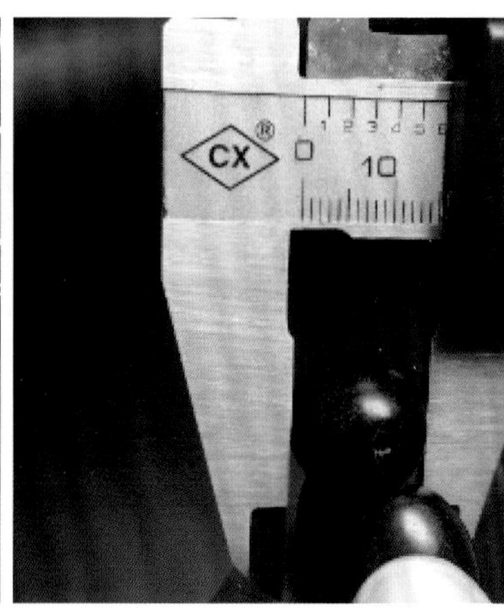

第三节 竹节珠和花生珠

竹节珠像一节一节的短竹子，中间细，两头粗，呈纺锤状。竹节珠应该是单串类珠子中，木质与人身手腕接触面积最大的一种。它中间最细，向两头成圆弧状扩粗，再倒角切面，轮廓清晰、个性突出，有气节，有棱角，也只有紫檀的硬度和油性才能彰显它的傲骨和清高。

2.0×1.5 竹节珠

紫檀花生珠可算是近年来的一个新产品，其制作的砂轮模具也是这两年才开发的。这种珠子外形接近带壳的花生，它是将竹节珠两头的棱角大角度地磨圆，使整珠的外形更加圆滑，没有竹节珠的棱角，所以它可戴在手腕上，也好盘玩，拨珠数量也自然比竹节珠顺手，但加工、打磨更耗时、费力。

2.0×1.5
花生珠

竹节珠和花生珠的主要尺寸规格有2.0×1.5和1.8×1.2，其尺寸测量方法如下：

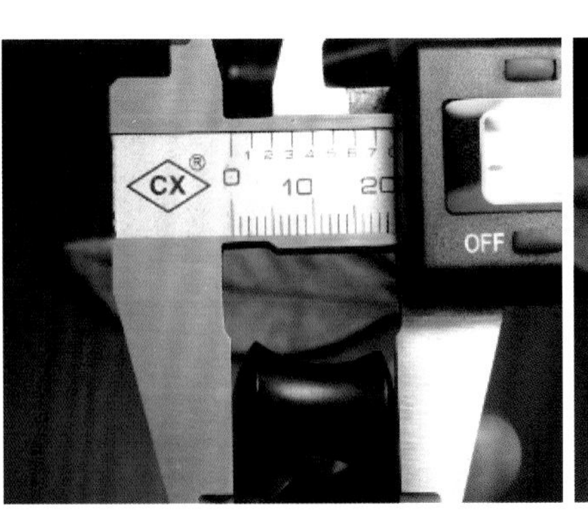

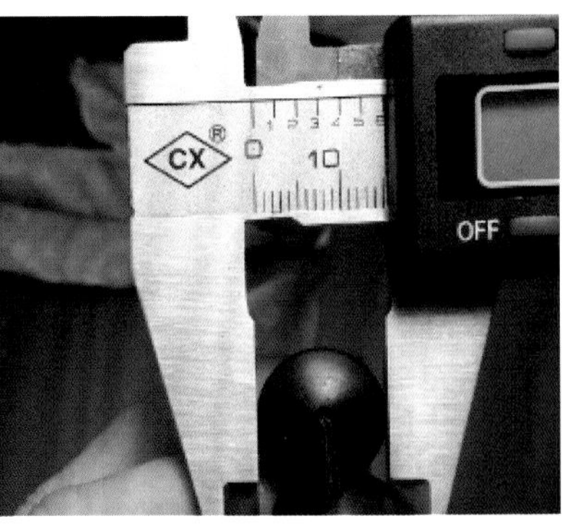

竹节珠和
珠尺寸规

第四节
桶珠、鼓珠和苹果珠

前面三节所讲述的珠子主要适用于手串和念珠，用作挂链或手链的比较少，而第四、五、六节所述珠子，主要是用于挂链和手链。

桶珠为圆柱状珠；鼓珠是将圆柱的两端倒角，中间还留有部分圆柱面；苹果珠是将圆柱两端做圆弧状倒角，中间不留圆柱面，整个柱面呈椭圆面。

0.3×0.6 的桶珠

0.3×0.6 的鼓珠

0.6×0.8 的苹果珠

桶珠的外形硬直、严肃，圆柱面平直；苹果珠圆滑、光亮；鼓珠则介于两者之间，每个人可根据自己的喜好进行选择。对于有金星的时候，桶珠和鼓珠因为有平整的圆柱面，紫檀牛毛纹从上到下整条呈现，其美观程度比苹果珠要好得多。

0.6×0.8 金星鼓珠

0.6×0.8 带星桶珠

桶珠、鼓珠和苹果珠，既可以做手链也可以做挂链，做挂链时多配玛瑙、蜜蜡、翡翠等珠宝。

0.6×0.8 鼓珠手链和挂链

第五节 米珠和水滴珠

米珠顾名思义，其外形似米粒状，两头比鼓珠尖，但又不像橄榄珠那样呈果核状。米粒珠造型优雅，通常在 0.6（含 0.6）以下，小巧玲珑，所以市场上常称小米珠，如果尺寸过大就不如鼓珠漂亮。

不同规格的米珠

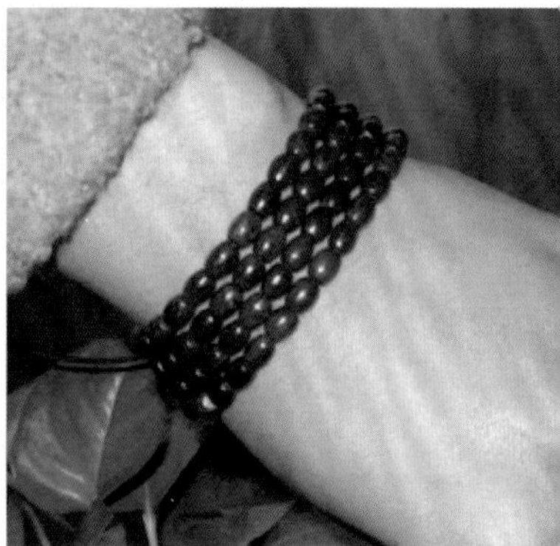

0.3 的小米珠

小米珠和小桶珠的对比

同样，水滴珠顾名思义，其外形像水滴状，一头大、一头小，像水管上即将掉下的水滴，令人心跳，让人悦目。它也是近年来根据紫檀的密度和油性开发出的一个新产品，砂轮模具也非标准，加工、打磨同花生珠一样更耗时、费力、费料。

水滴珠手链和挂链

第六节 异形珠

紫檀珠子的外形比较多，除上面常见的几种外，还有一些形状特别的珠子，我们称之为异形珠。它们主要模仿人们生活习惯上见到的一些器物外形而制作，如灯笼珠、算盘珠和片珠等。

灯笼珠手链

算盘珠（飞碟珠）手链

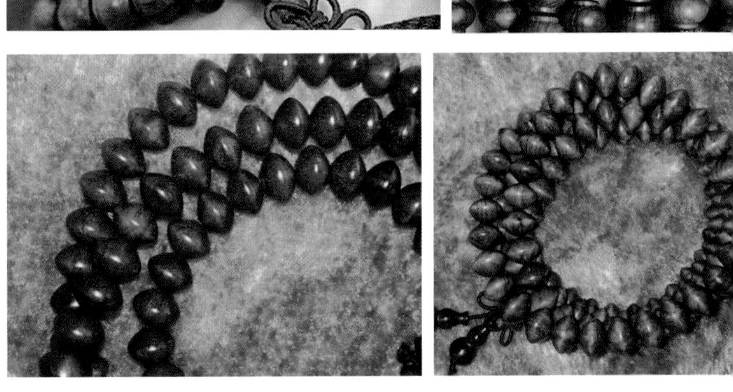

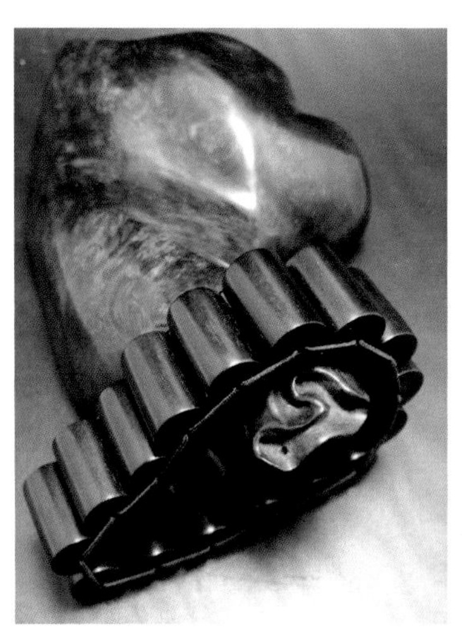

竹排珠（坦克珠）手链

这些珠子的外形相对少见，喜欢追求个性化的朋友可以选择。

转运珠手链

第七节
雕刻珠

前面章节中讲述的珠子，珠面上都是紫檀的天然木纹，叫作素珠。市场上还有一种紫檀珠子，珠面上雕刻有图案，叫作雕刻珠。其图案主要有人物头像、葫芦、汉字等。这种珠子的质量参差不齐，有些商家将圆珠上有残缺的地方雕上图案，避开材料的缺陷；也有商家用完整实料进行雕刻，这种成本相对较高。雕刻的方法有手工雕、机雕和激光雕。手工雕的比较少，大多是激光刻的，图案呆板统一。如果是全手工整串微雕的，价格昂贵。

紫檀莲花珠

激光雕刻的梯形珠

雕刻人头的紫檀珠子

紫檀莲花手串

紫檀镂空手串

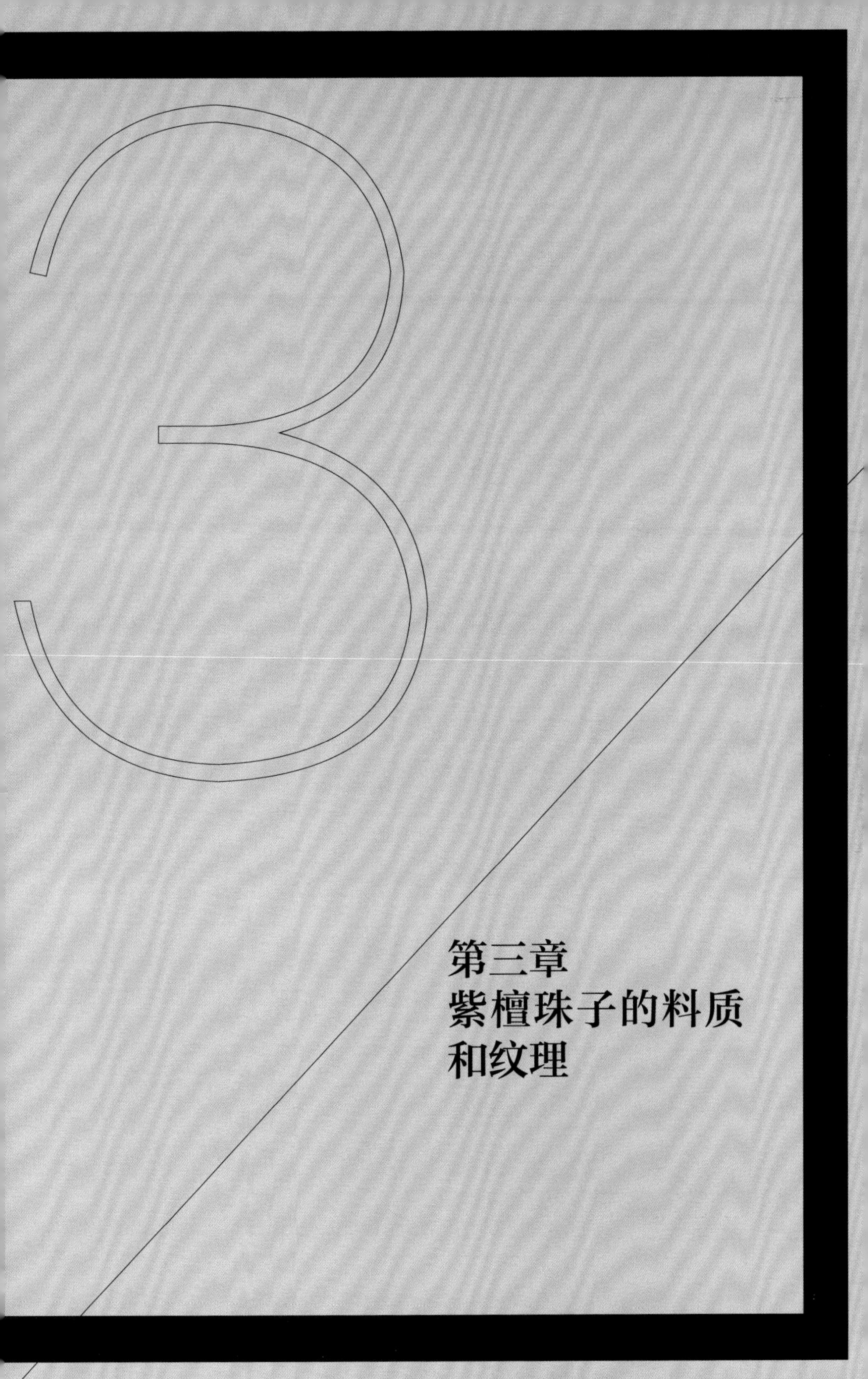

第三章 紫檀珠子的料质和纹理

紫檀珠子的料质主要包括：底色、毛孔、油性、密度几个方面，纹理主要有：金星、水波、鸡血、火焰、瘤疤和绞丝。

第一节
底色

紫檀珠子刚制作完成时整个表面多为橘黄色，常带有黑色木纹。珠子底色是指珠面颜色，没有黑筋、黑线、鸡翅、二层皮等纹理，我们就说底色干净；有黑线的就说底色不纯。这种黑线或黑筋，行内人称酸枝纹，因为酸枝木多数带黑筋，其实它是树木的天然纹理，珠子氧化变黑后，也就不明显了。黑线只是颜色不同而已，对珠子的质量没有影响。也有人特地利用这种黑线，制作一线天的手串，即每颗珠子在相同的位置上都有一条黑线，整串珠子看起来像在珠腰上画了一条线。

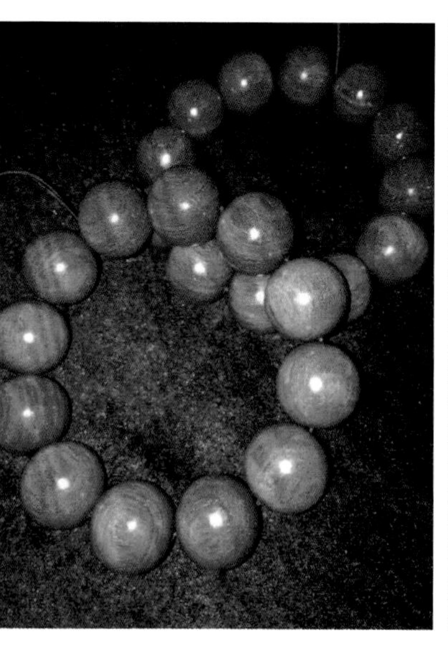

底色干净珠子

底色带黑线
的珠子

一线天手串

珠子氧化后黑线不明显

有些珠子还带鸡翅纹或二层皮（又称二重皮），二层皮是指紫檀树木边材转化成心材，没有完全着色，颜色比心材稍淡偏白的部位。鸡翅纹比较大以及带二层皮的珠子往往不易变黑，特别是二层皮，不管怎样把玩，它都不会氧化变黑，显露不出紫檀高贵的色泽。

带鸡翅纹的珠子

带二层皮的
珠子和原木

第二节
毛孔

毛孔是指紫檀珠子上的棕线和棕眼。棕线其实是紫檀木中的导管，俗称牛毛纹，在活体树木中用于输送水分；棕眼是导管在横切面上呈现的小圆点。毛孔在大多数树木中都有。

紫檀珠子上的牛毛纹（左）和棕眼（右）

紫檀珠子上的牛毛纹通常是与珠孔平行，棕眼则与珠孔在同一方向面上，这样的珠子我们就叫顺纹。如果一串珠子是同一根紫檀木料制作的，每颗珠子的牛毛纹方向又都与珠孔在同一方向，我们就称该串珠子同料顺纹。同等的油性密度，同料顺纹的珠子比不同料或不顺纹的珠子要贵。

市场上的紫檀珠子，直径规格在 1.0（含 1.0）以上的大多是同料顺纹的，1.0 以下的大部分是杂料（不是一根紫檀木料）顺纹的。

同料顺纹 1.2 紫檀珠子

杂料顺纹 0.6 紫檀珠子

紫檀珠子上的毛孔可分为：粗毛孔、细毛孔、极细毛孔，也可分为多毛孔、少毛孔、极少毛孔。在同等密度和油性情况下，紫檀珠子的品质是：极细毛孔比细毛孔好，细毛孔比较粗毛孔好；极少毛孔比少毛孔好，少毛孔比较多毛孔好。

图中下边的枣珠比上边的橄榄珠毛孔更粗

对于顺纹的紫檀珠子来说，毛孔粗细用牛毛纹或棕眼的直径来划分，毛孔多少用珠子最大切面周围上所包含有的牛毛纹根数来划分。目前紫檀珠子毛孔的粗细、多少还没有一个国家标准，每个厂家的定义也不一样。

左上一串毛孔最多，左下一串次之，右边一串毛孔最少

值得注意的是，同等直径的紫檀珠子，并不是毛孔多或粗，密度就一定小；反之毛孔少或细，密度也不一定就高。木材的密度除了跟毛孔有关外，主要还是跟木纤维结构有关。比如紫檀瘿木珠子，毛孔非常少，但密度通常都比同料毛孔多非瘿木的珠子要小。市面上把毛孔极少又细的珠子，称为泥料，料质很细腻。

泥料紫檀苹果珠

毛孔除了粗细多少外，还分不同的形状：直线形、S 形和旋涡形。古人把紫檀毛孔称为牛毛纹，是指野生紫檀细长弯曲的导管，像牛的毛发，又像螃蟹的爪子，所以也称蟹爪纹。严格意义来讲，直线形毛孔不能称为牛毛纹，只能叫棕线；弯曲的毛孔才能叫牛毛纹，也称 S 纹，现在真正带这种牛毛纹的紫檀比较少，数量不足百分之五。还有一种旋涡纹，又称螺旋纹，是紫檀病变结疤或树干变形造成局部牛毛纹呈多个不规则同心圆状的纹路，它是所有毛孔中最为少见的一种纹理。

S 形牛毛纹

旋涡形牛毛纹

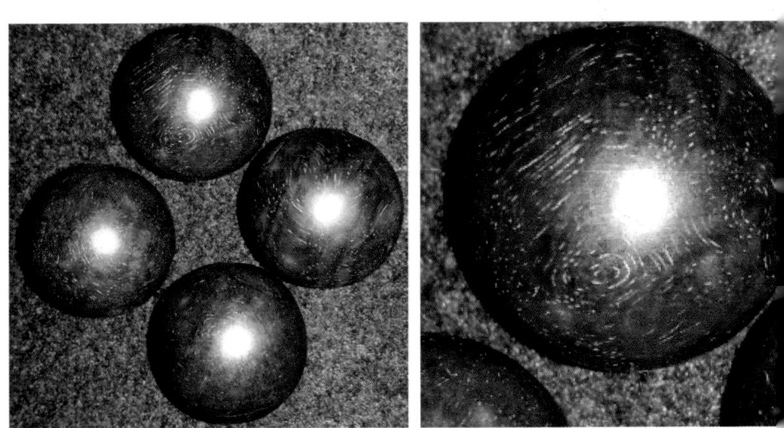

第三节
油性和密度

紫檀的油性和密度的关系就好比翡翠的色和种。在所有的红木中，紫檀的油性和密度当数最好，是其他红木所不能比拟的，正因如此，紫檀被誉为木中之王。

同样是紫檀木珠子，有的油性密度高，有的油性密度差。密度越高、油性越足，料质就越好，制成的珠子，盘玩起来也就越容易出包浆，看起来大气沉稳。

左边珠子油性比右边珠子好

紫檀 2.13 规格珠子左边密度比右边好

密度高的珠子大多油性都好。油性、密度都高的珠子，我们称之为高油高密或高油密珠子。

高油性高密度的紫檀手串

高油高密的珠子，如果毛孔又细又少，底色又干净，打磨后珠子表面会泛着荧光，并有一层琥珀般透明的质感，我们称之为玻璃底。带玻璃底的珠子比普通珠子要贵上 20% 以上，甚至翻倍。

玻璃底紫檀手串

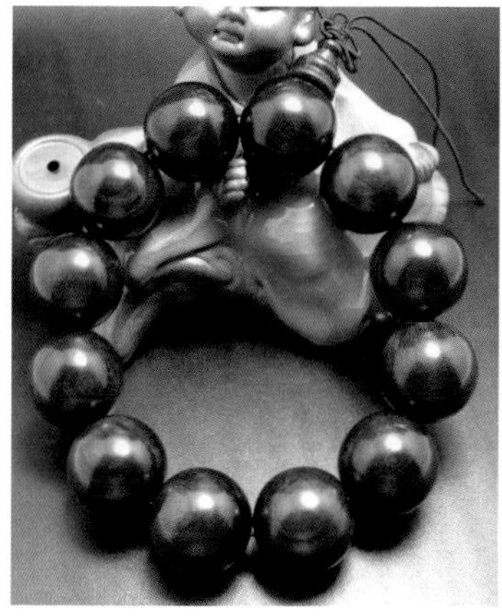

紫檀的气干密度为 1.05 ～ 1.26g/cm^3。以圆珠来计算，不同规格直径的一串珠子重量如下表所示：

明：
1）假设佛珠打孔损耗重量＝佛的重量，弹力绳为双股 50cm 长，量约为 1.3g；
2）单颗佛珠的重量＝体积 ×度=$(4/3)\times\pi\times r\times r\times r\times\rho$；
3）总体重量＝单颗的重量 × 颗＋弹力绳的重量；
4）紫檀最低密度采用 1.05，最密度采用 1.26。

规格 / 直径	整串数量	单珠体积（cm^3）	整串体积（cm^3）	最低重量（g）	最高重量（g）
1.00	19	0.523	9.943	11.74	13.83
1.20	17	0.904	15.373	17.44	20.67
1.50	15	1.766	26.494	29.12	34.68
1.60	14	2.144	30.010	32.81	39.11
1.80	13	3.052	39.677	42.96	51.29
2.00	12	4.187	50.240	54.05	64.60
2.03	12	4.378	52.535	56.46	67.49
2.05	12	4.509	54.103	58.11	69.47
2.08	12	4.709	56.513	60.64	72.51
2.10	12	4.847	58.159	62.37	74.58
2.11	12	4.916	58.994	63.24	75.63
2.12	12	4.986	59.837	64.13	76.67
2.13	12	5.057	60.687	65.02	77.77
2.14	12	5.129	61.546	65.92	78.85
2.20	12	5.572	66.869	71.51	85.56
2.50	10	8.177	81.771	87.16	104.33
2.80	10	11.488	114.882	121.93	146.05
3.00	9	14.130	127.170	134.83	161.53
4.00	2	33.493	66.987	71.64	85.70
4.50	2	47.689	95.378	101.45	121.48
5.00	2	65.417	130.833	138.68	166.15

在相同尺寸规格的情况下，珠子越重，密度就越好，所以选择紫檀珠子时，尽量挑重的，但市场上珠子基本都会做大一些，重量也就偏重，挑选时除了测重量外，一定要注意测一下珠子的尺寸。也有些密度超过 1.26g/cm^3，所以此表格只作参考。

第四节 水波纹

水波纹属于紫檀的纹理，但与料质息息相关，通常质料细腻或牛毛纹呈弯曲状态的紫檀更易出现水波纹。

水波纹是指紫檀器物表面受到光线照射，呈现亮暗相间起伏皱褶的木纹，像阳光照在被风吹起的水波上，通透反光。

水波纹又被称作琥珀纹，在其他木材中也会出现，是木料上具有通透感的成块木质。它颜色多偏黄，易透光，明显比周围材质通透打眼，强光照射下有琥珀一样的质感，甚至有的可在里面见到晶体状的光亮颗粒。当改变观看角度及光线角度时，这种纹理看起来有点凹凸不平，或忽上忽下，或忽亮忽暗，或忽有忽无，其实这都只是视觉效果而已。

紫檀珠子上的猫眼一线水波纹

水波纹的表现形式多种多样，在紫檀珠子上，主要有平行波、猫眼、佛手、天眼、闪电等。其中猫眼有一线眼和二线眼，天眼有一重天和二重天。

紫檀平行水波纹珠子

刚成品的紫檀水波珠子

紫檀珠子上的闪电水波纹

紫檀珠子上的水波天眼

各种水波纹各具特色，同料同种水波纹串成的珠串，非常难得，如果整串珠子上都有佛手水波纹，才是真正的“佛珠”。

紫檀珠子上的水波佛手

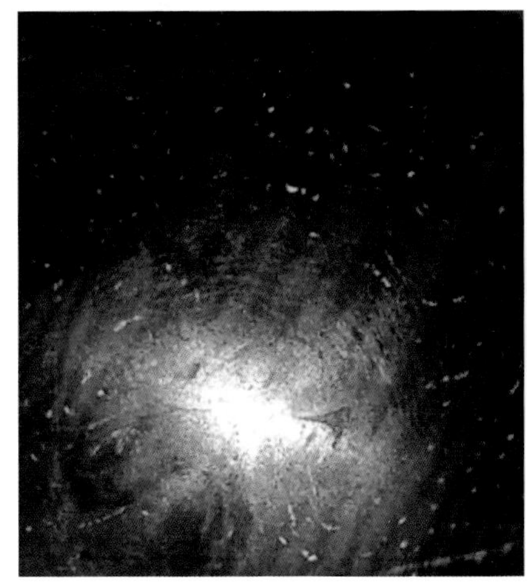

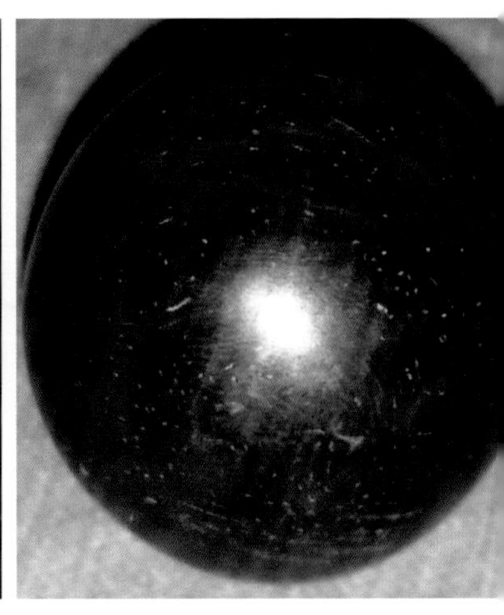

紫檀的水波纹可与翡翠的冰阳绿媲美，随着光线的变化，冰阳绿深浅、位置会发生变化，绿在冰中飘逸移动，给人以灵动的感觉。同样，水波纹也会随着光线的变化，人移波变，人波互动，极具灵性，特别是满水波的紫檀珠子，盘玩起来，珠随人意，人随珠转，人珠相印。

第五节 鱼鳞纹

鱼鳞纹列也是水波纹的一种类型，只是它的形状像鱼鳞（也有说龙鳞），每片鳞上又分布着很多颗粒状的晶体，这些晶体多呈黄色，灯光照射下像鱼子一样，所以又有人称它为鱼子纹。带有这种鱼鳞纹的紫檀珠子大多偏重，密度要比一般紫檀珠子高，数量也稀少。

通常鱼鳞纹只会出现在紫檀原木的边沿，也就是通常说的二膘料中，原木中心部分很少会有鱼鳞纹，所以制作出的珠子大部分是单面的鱼鳞，双面都是鱼鳞纹或鱼鳞两面都透的很少见。而木材密度最好的部位是二膘料，这也是为什么具有鱼鳞的珠子分量更重的原因。

根据鱼鳞纹理的大小，我们又将它分为大鱼鳞纹和小鱼鳞纹，鱼鳞纹理比较大的叫大鱼鳞纹，小的叫小鱼鳞纹。

鱼鳞纹紫檀珠子

大鱼鳞纹紫檀珠子

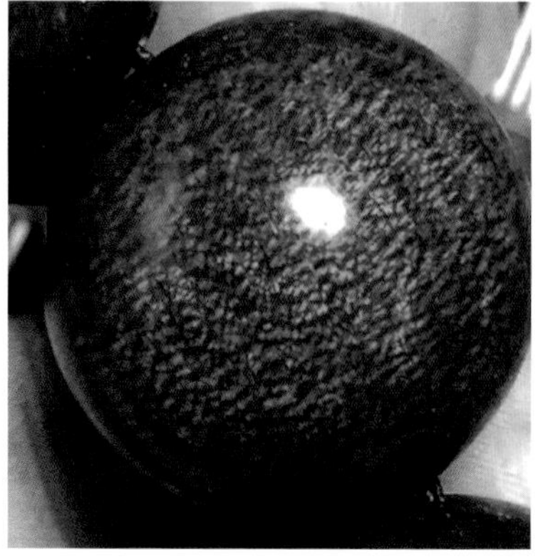

小鱼鳞纹紫檀珠子

金星鱼鳞纹
紫檀珠子

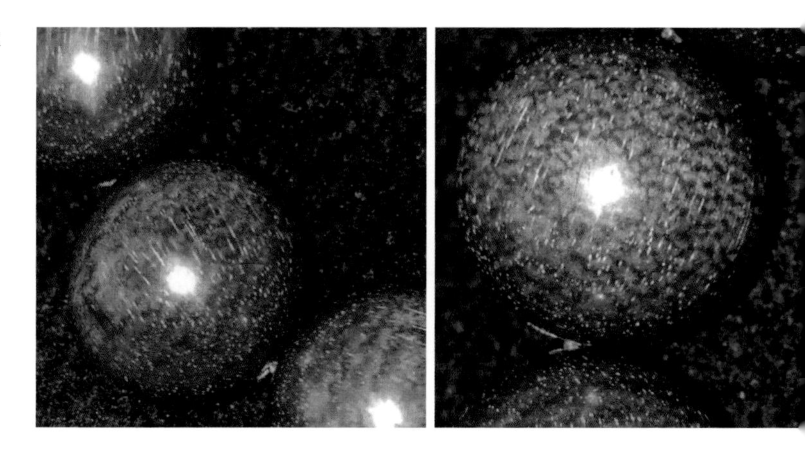

鱼鳞纹不仅在紫檀等木材中有，在石头、玉、玛瑙等宝石身上也同样存在。

黄蜡石原石
上的鱼鳞纹

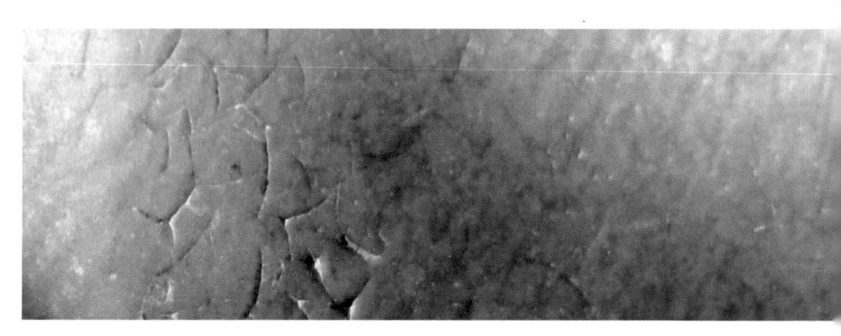

黄龙玉成品
中的鱼鳞纹

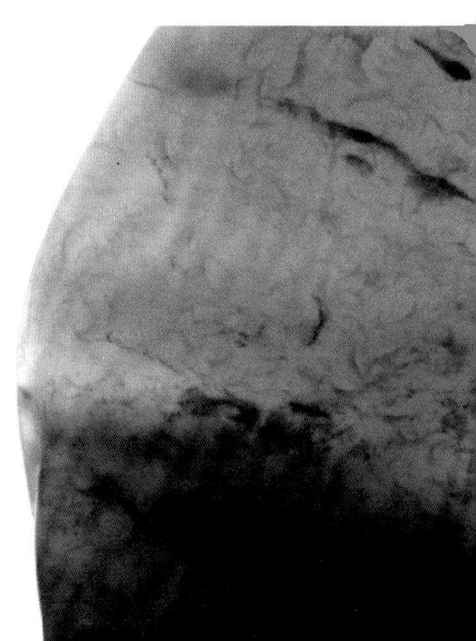

第六节
鸡血和火焰

鸡血紫檀是指木质偏红的紫檀，与金星（牛毛）紫檀和牛角紫檀相对应，它不是紫檀的分类，只是人们用来区分紫檀的料质。鸡血紫檀多出现在老紫檀和紫檀老料中，油性好、料细腻，常伴有黑色的斑块，俗称火焰纹。在制作珠子时，师傅们会尽量避开火焰纹，这样做出来的珠子底色干净，颜色血红，表面油光宜人。

鸡血紫檀念珠

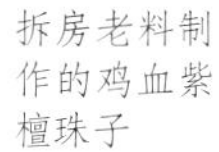

拆房老料制作的鸡血紫檀珠子

带火焰纹的紫檀手链

鸡血红玻璃底紫檀手链

有些厂家会利用鸡血紫檀中的火焰纹，制作出带特殊纹理的整串珠子，成品时非常漂亮，就像一幅水墨画册。不过，珠子氧化变黑色后图纹就不明显了。

鸡血紫檀珠子火焰纹形成的山水画

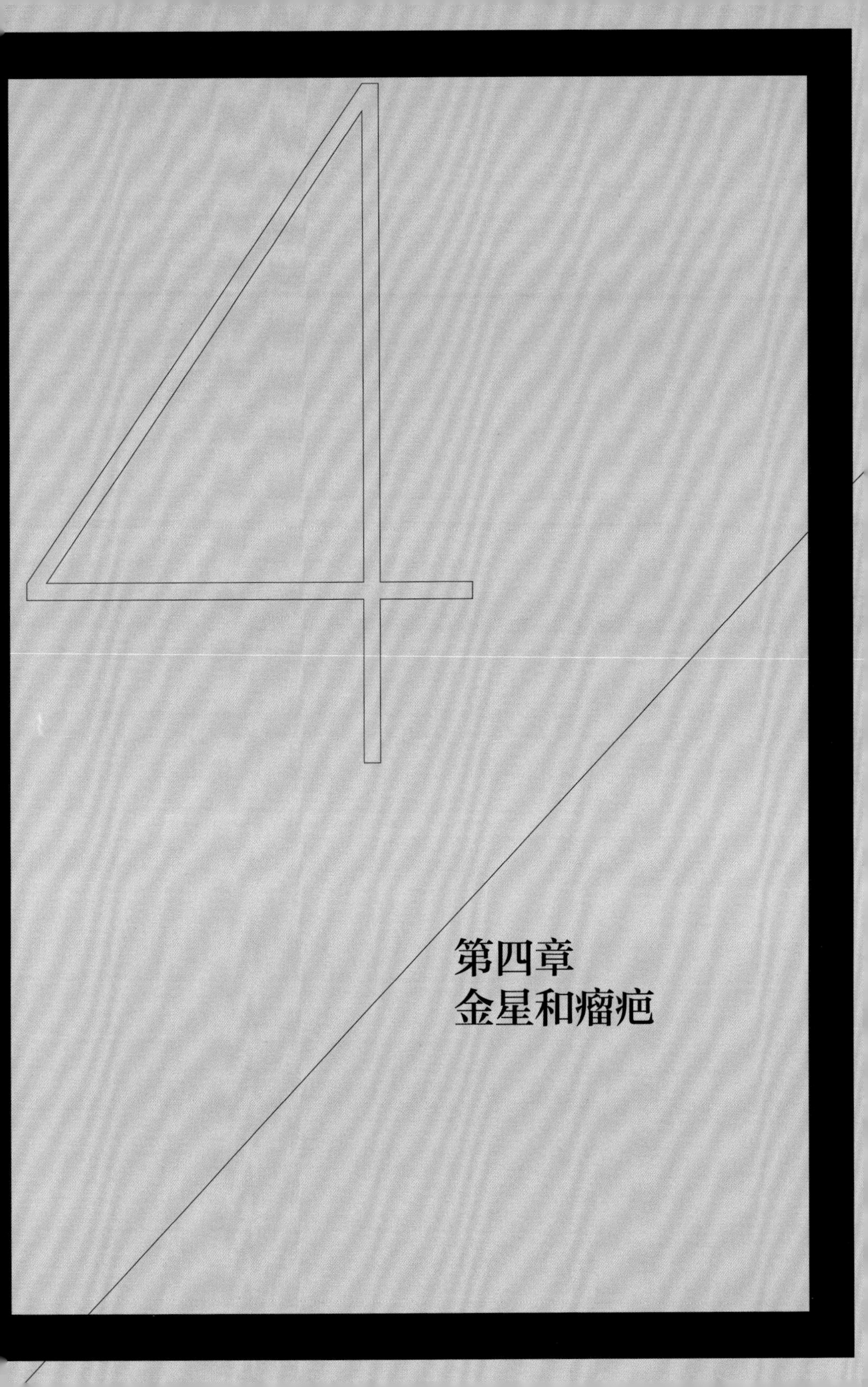

第四章 金星和瘤疤

第一节
金星

金星是填充在紫檀牛毛纹中的颗粒。牛毛纹是紫檀用来输送水分的导管。在漫长的生长过程中，紫檀会将土壤中的矿物质随水分一起吸入到导管内，在边材转化成心材时，与树胶、树脂、色素等包裹在一起，形成黄色的颗粒状混合侵填体，砍伐后将心材表面打磨光滑，即可看到填充在导管中的橘黄色的“金星”，而横切面上切过矿物质的地方，管孔会呈现出“星点”。

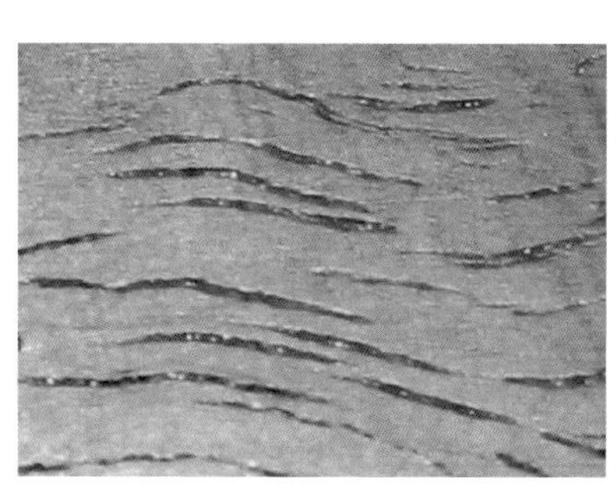
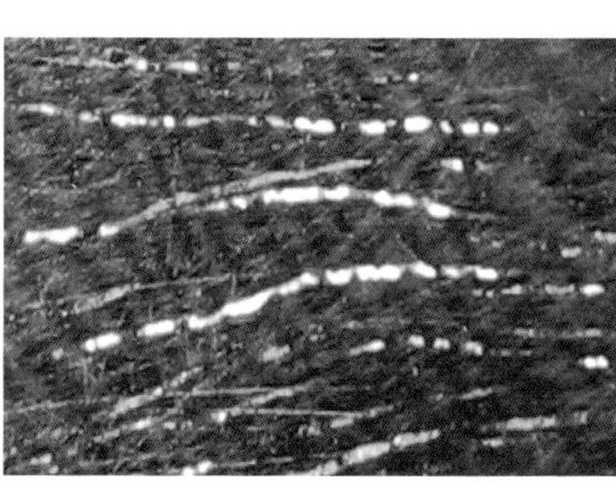

不含金星的牛毛纹（左）和含金星的牛毛纹（右）

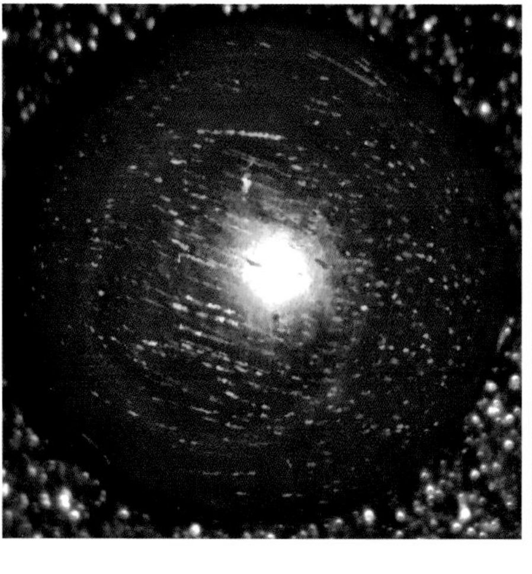

带金星的1紫檀珠子

同一段紫檀木的不同部位，金星数量不一样；同一根牛毛纹的不同位置，金星数量也会不一样。有的地方有，有的地方可能没有，也有整根牛毛纹中都填充金星，这样的牛毛纹叫金丝。金星或金丝比较多的紫檀又叫“金星紫檀”。

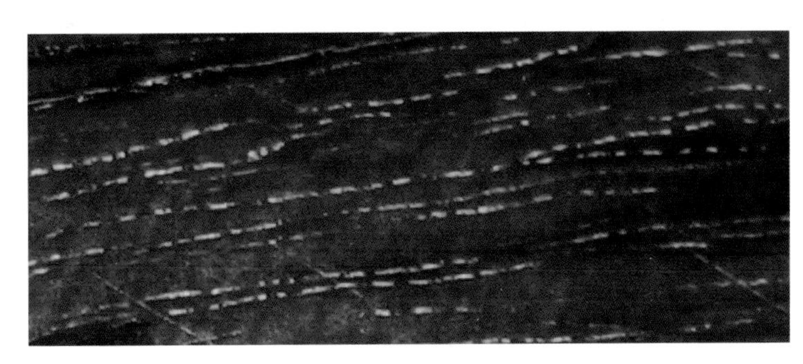

紫檀金丝，像雨水滑过玻璃留下的道道痕迹

带金星的紫檀竹节珠

刚做好的金星珠子，金星和紫檀粉都填在毛孔中，很难分辨出金星，厂家会用红木专用的核桃油或橄榄油在珠子表面涂擦一遍，将紫檀粉粘去，金星就明显地露出来，并及时拍照发给客户看。这就是为什么我们经常会看到金星珠子的图片油亮油亮的原因。这种擦过油的珠子比没擦油的更容易变黑。但往往金星的珠子变黑后，其金星就越发显得清楚明亮。

刚擦过油的金星珠子

紫檀珠子放在有光线的地方，或经常放在手中把玩，会自然氧化变黑，金星会更明显，灯光照射下有耀眼的感觉。

自然变黑后的金星珠子，金星更明显

第二节
金星的多少与分布

金星是紫檀的一个重要美学元素，它会随着紫檀的氧化变黑越发显得明亮好看。金星的多少会影响紫檀表面的美观程度及紫檀器物的价格，多星紫檀的价格是少星紫檀价格的 1.5 ～ 3 倍，甚至更高。

金星紫檀珠子常分为：带星、多星、满星和爆星。怎样才算带星、多星、满星、爆星？目前还没有一个统一的权威标准。在本书后续“紫檀珠子分类、分级标准”一节中做了一个尝试性的划分。下面仅从感观上列举带星、多星、满星及爆星珠子图片，供大家参考。

紫檀 0.6 带星珠子

紫檀 0.6 带星珠子（放大图）

紫檀 0.8 多星珠子

紫檀刚成品的2.0满星珠子

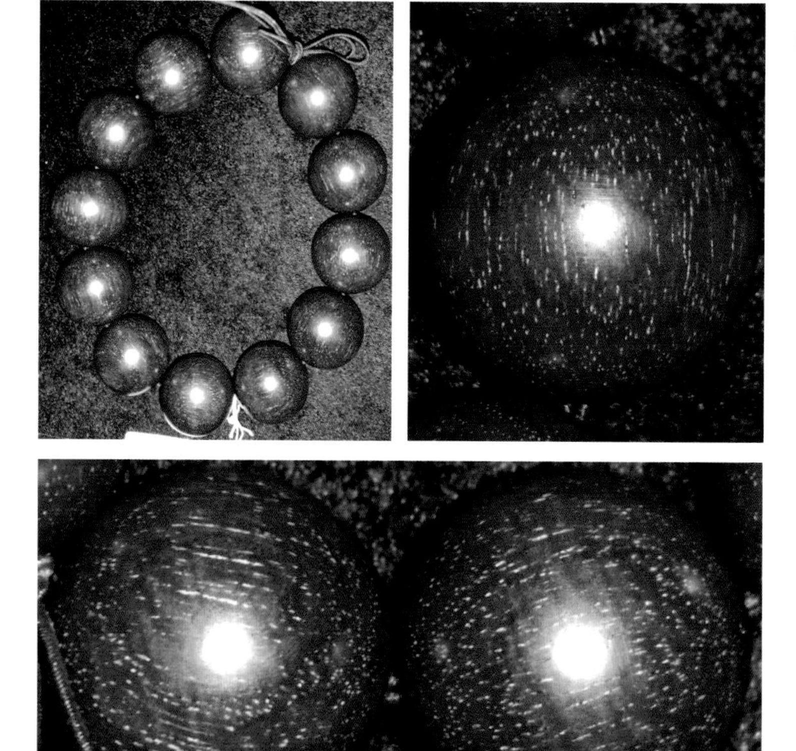

紫檀2.0爆星珠子

金星在紫檀原木上并不是均匀分布的，通常表面比树心更多，树头比树尾更多。制作珠子时也会出现珠子的一面有星另一面没星或少星，这样的金星我们称之为半珠星。如果整个珠子表面都均匀分布有金星，称为全珠星。在购买紫檀金星手串时，大家一定要注意观看珠子的每个面是否有金星。

下图中的金星手串，每颗都是一面满星一面没星。通过右边两图中的珠子，可以明显地看到一面有星一面没星。

紫檀半满星2.0手串

第三节 金星的粗细与氧化

金星珠子除了星有多有少外，还分粗星和细星。粗星毛孔直径相对较大，星粗；细星毛孔更小，星细。粗星看起来会比细星漂亮，特别是刚成品时，粗星明显；而细星与紫檀打磨的木粉混在一起，多数要抹油后粘去木粉才看得清楚，这就是为什么有些珠子盘玩一段时间后星会越来越多。

总体来说，在盘玩过程中，粗星比细星更容易掉落。但还得看木材的密度，密度差的，星就易掉；如果星细、密度又好，掉星的可能性非常小。如果是粗星密度又差，那掉落的可能性就大，这就是为什么有些珠子买的时候星爆，盘玩一段时间后星越来越少。

金星珠子掉星是一种自然的现象，不是说掉星的珠子是假星，有些假星粘得比真星更牢。

掉星除了与星的粗细和材质密度有关外，还与珠子的加工工艺、珠子的形状、大小等有关，比如圆形珠子比桶形珠子更易掉星，小珠子比大珠子更易掉星。加工方法对金星珠子掉星也有影响，在后面的章节中有专门讲述。

紫檀粗星 2.0 手串

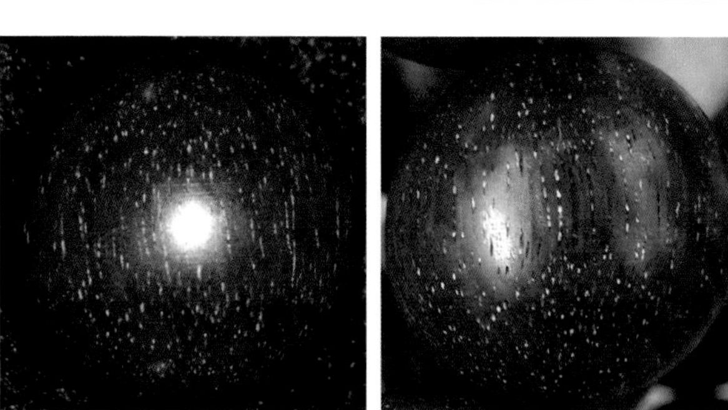

紫檀细星 2.0（左）与粗星 2.0（右）对比

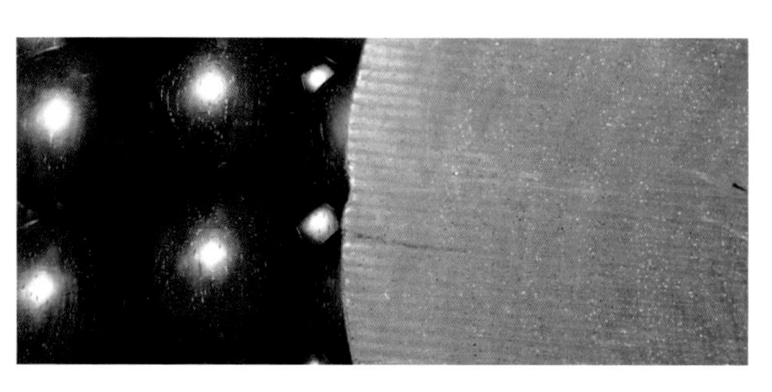

紫檀密度差的拆房老料粗星珠子上的星易掉

紫檀金星珠子刚做好时，金星不明显，除前面提到的毛孔中有紫檀粉外，还因为刚成品的珠子颜色多为橘黄色，与金星的颜色接近，而随着紫檀珠子的氧化变黑，金星就会越来越明显，给人的感觉是星越来越多。其实只是金星与珠子的色差在变大，金星看得更清楚而已。

紫檀 1.8 爆星刚成品的珠子

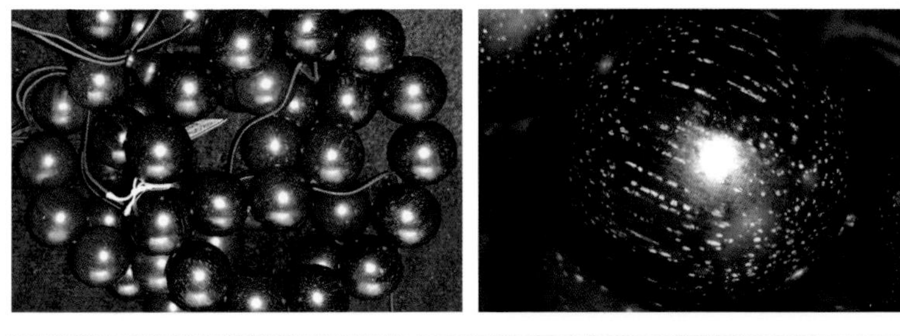

紫檀 1.8 爆星自然氧化 6 个月的珠子

金星珠子除自然氧化外，还可以人工手盘加速氧化。手盘后，如果是高密度的细星，那么星看起来会越来越多、越来越亮。

紫檀 1.8 爆星自然氧化 6 个月再盘 2 个月后的珠子

第四节
瘤疤瘿子

瘿是指树木发生异常生长（病变）的机体组织。带有瘿的树木称为瘿木。在北方称瘿木为影木或瘿子木，偏重瘿木内部纹理和木文化；南方常叫瘤疤，更贴近木材外观和形状。

紫檀很坚硬，生瘿的概率很小，一百根原木中长瘿的也不足一根，所以瘿木紫檀珠子的数量非常少。

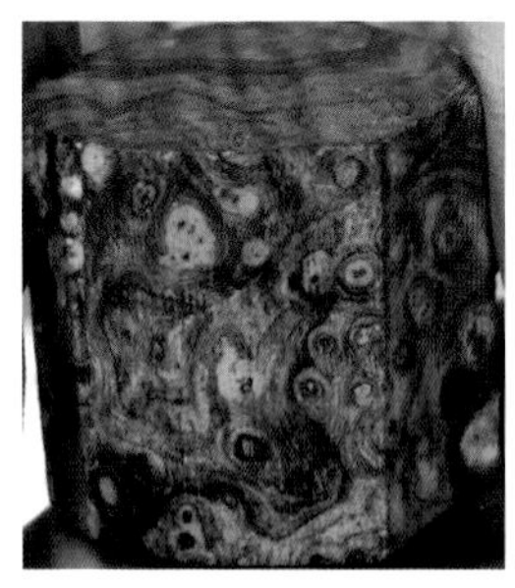

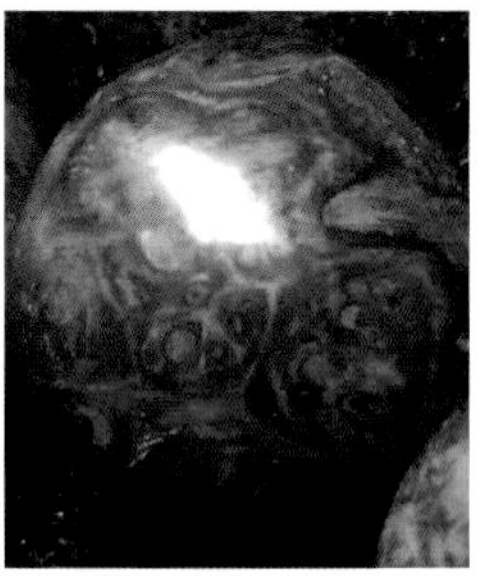

紫檀瘤疤原木、半成品和珠子

瘿多长在树根和树干部位。它是植物修复病变组织、抑制外力或细菌所形成具有特殊纹理的木质，病理学称“细胞增生，形成囊状性赘生物”。此处木材纹理绚丽多彩，变化莫测，如山水、人物、鸟兽之图案，或结成葡萄、胡椒、龟背之纹状，极富观赏性。

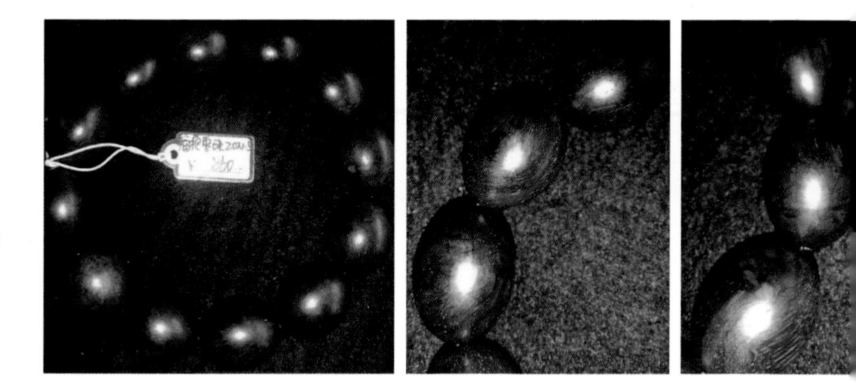

紫檀带瘤疤的
2.0×1.5 枣珠

紫檀带瘤疤的
2.0 圆珠

第五节
瘿子的纹理和活性

紫檀瘿木纹理浓重沉稳，不张扬、不花哨，神秘深邃。紫檀原木瘿木纹理主要有葡萄纹、胡椒纹、龟背纹和蝌蚪纹等。

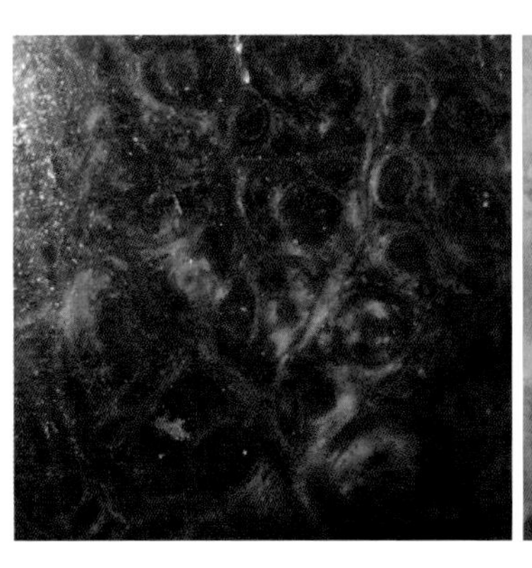
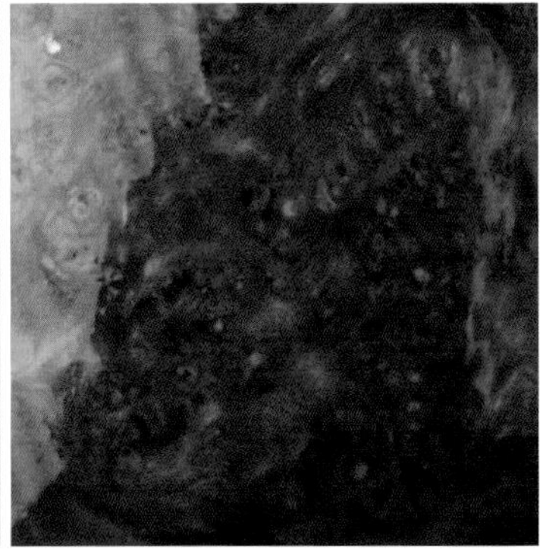

紫檀瘿木葡萄纹（左）和胡椒纹（右）

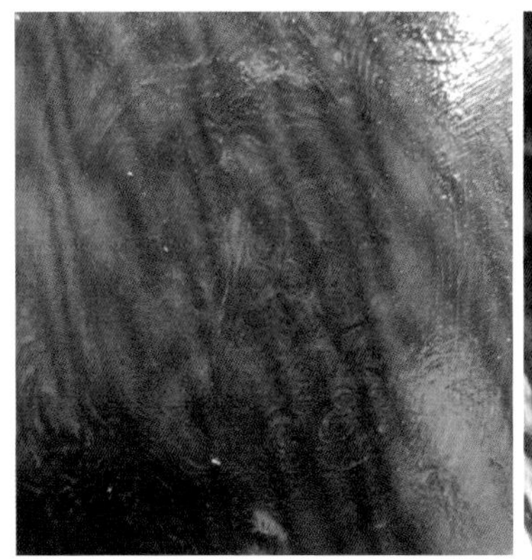
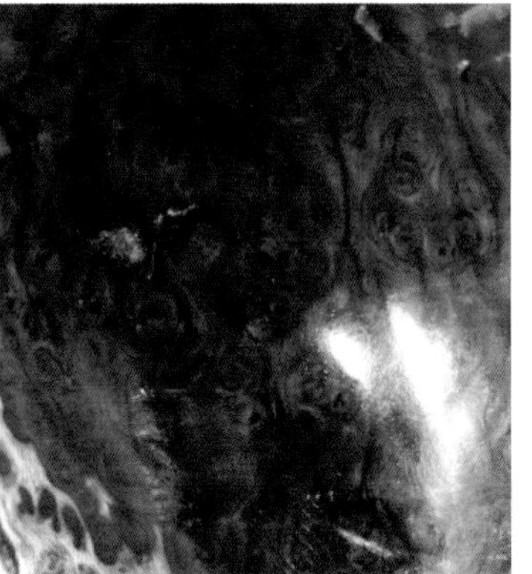

紫檀瘿木龟背纹（左）和蝌蚪纹（右）

紫檀珠子上的瘿子纹理主要有葡萄纹、胡椒纹、乱纹和橘瓣纹四种。龟背纹和蝌蚪纹在珠子上都是以葡萄瘿的形式展现；乱纹是紫檀受到虫害或外力破坏后，刚刚开始形成瘿，但还在木材内部没有长出来的瘿胚所制作的珠子纹理。因为紫檀珠子主要是圆形或圆柱形，表面为球面或圆柱面，所以葡萄瘿或胡椒瘿除了有横切面的圆形纹理外，还有沿着瘿脉竖切面上橘黄色树胶树脂形成的橘瓣纹。

紫檀珠子上的
葡萄纹

紫檀珠子上的
胡椒纹

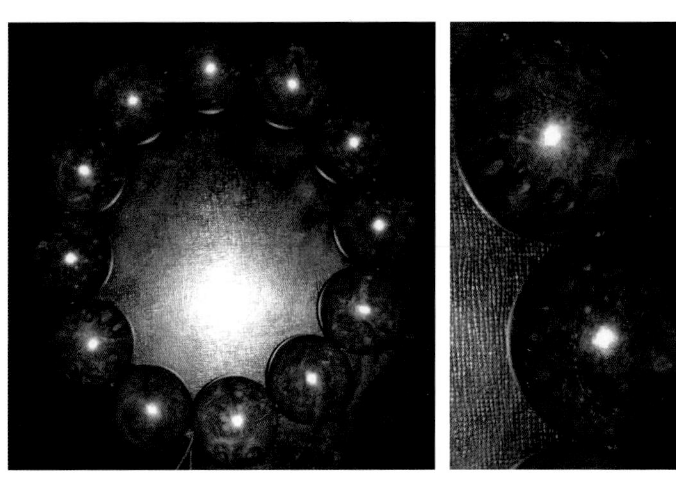

紫檀珠子上的
橘瓣纹

紫檀珠子上的乱纹

根据瘿木的纹理，我们把瘿的生长过程分为三个阶段：瘿胚、活瘿和死瘿。瘿胚是树木刚刚生瘿，在树的表面还没有出现表征的这个阶段；活瘿是指在木质的表面已经长出了凸起的实心瘿节，直到瘿节再次病变枯死出现空心之前的一个阶段；死瘿是指长瘿的树木树龄不断增大，瘿再次病变，坏死变黑，枯损形成空心直至腐烂的这个阶段。

活瘿制作的成品最好，品相完整，没有瑕疵；其次是瘿胚成品的乱纹也非常漂亮神秘；死瘿珠子则多有黑点裂纹，甚至空心。紫檀瘿木的珠子总体来说密度要小。

紫檀全活瘿珠子

紫檀半活瘿珠子

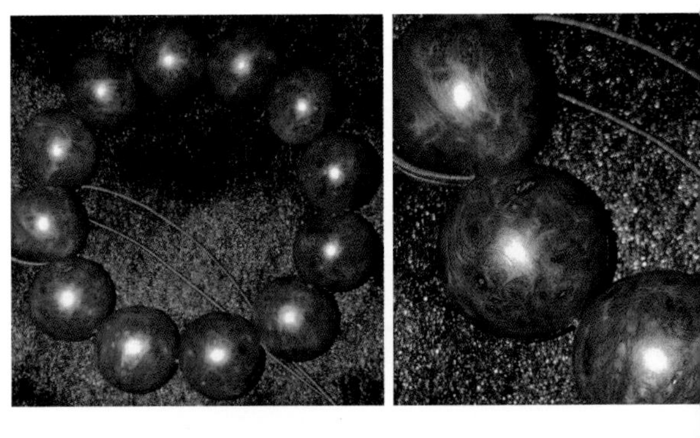

紫檀死瘿珠子

第六节 瘿子的多少和氧化

紫檀瘿木珠子比普通紫檀珠子纹理要漂亮，给人以神秘感和无限的想象空间，数量也稀少，市场价格自然比普通珠子贵好几倍。根据瘿子在珠子上分布的密集程度，又分为带瘿、多瘿、满瘿和爆满瘿。满瘿的珠子比带瘿的要贵。但对于具体的划分标准，目前行业内还没有一个统一的规定。大家购买时尽量多做比较或参考相关图片，因为同样是瘿木珠子，价格相差会很大。

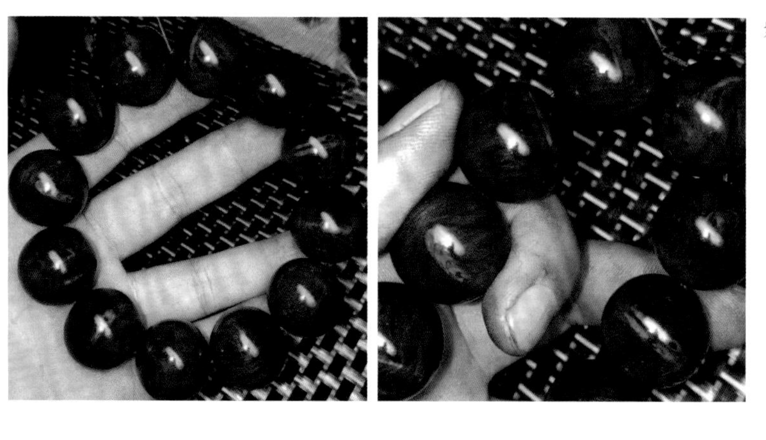

紫檀带瘿珠子

紫檀多瘿珠子

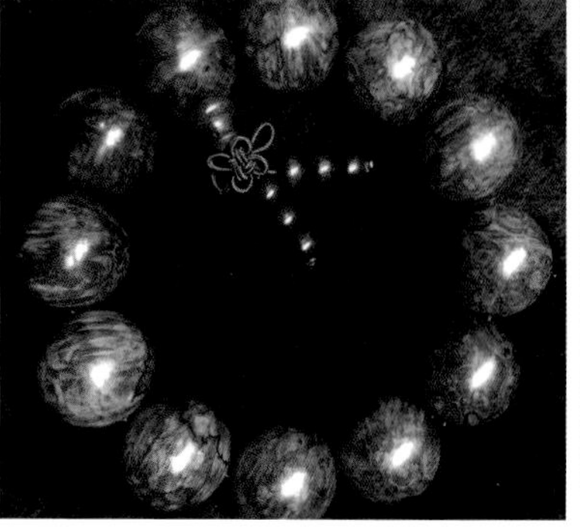

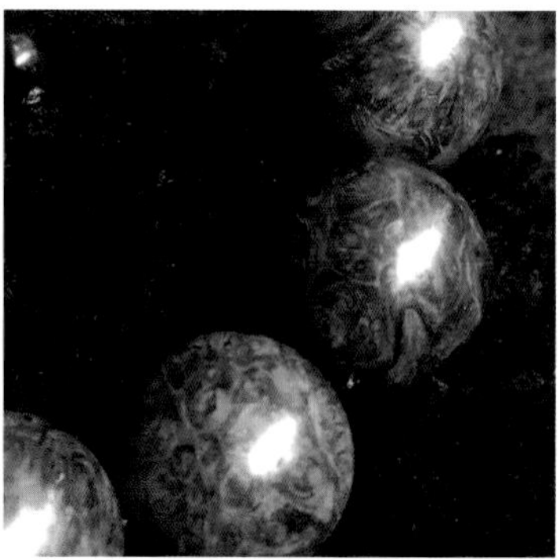

紫檀满瘿珠子

紫檀爆满瘿珠子

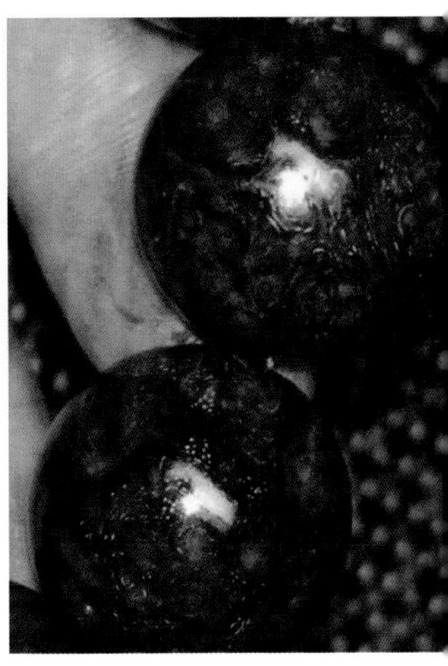

紫檀原木刚打磨去皮后为橘红色，一段时间后会慢慢氧化变成紫红色，最后成紫黑色，珠子上的瘿子就变得不明显，但只要稍有光线，其纹理依然清晰可见，即使是百年以上的拆房老料也是如此。

紫檀瘿木珠子氧化后纹理依然清晰可见

第七节 S星和螺旋星

S形牛毛纹和旋涡牛毛纹在紫檀原木上出现的概率比较小，而金星S纹（珠子上称为S星）或金星旋涡纹出现的概率就更小，特别是金星旋涡纹更是非常之少。即使是原木上带有金星旋涡纹，做出的珠子球面上也未必能保存有完好的金星旋涡纹（珠子上的金星旋涡纹称螺旋星），尤其是同料2.0cm以上每颗珠子上都出现满螺旋星的手串，极为罕见，因为它要求满金星旋涡纹的原料面积足以做出12颗珠子，而且金星旋涡纹的厚度必须达到2.0cm以上。这种紫檀原木料万里难挑一，其数量远远少于和田玉中的羊脂玉，纹理料质又都是木之王者，可以想象得到它的收藏价值之高。

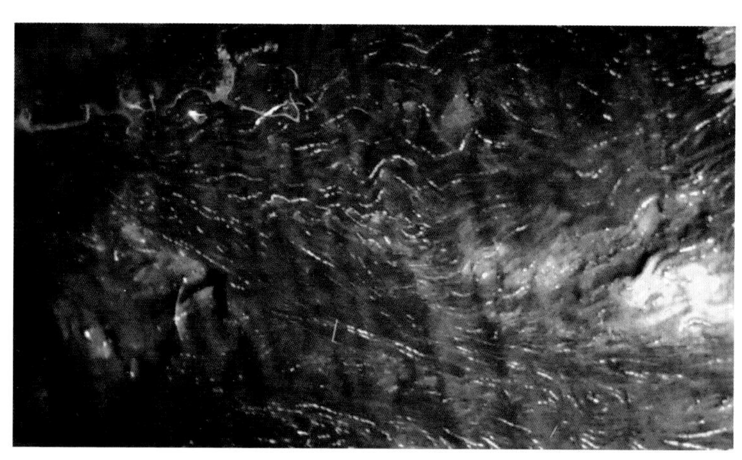

紫檀带S星的原木和珠子

紫檀带旋涡星的原木

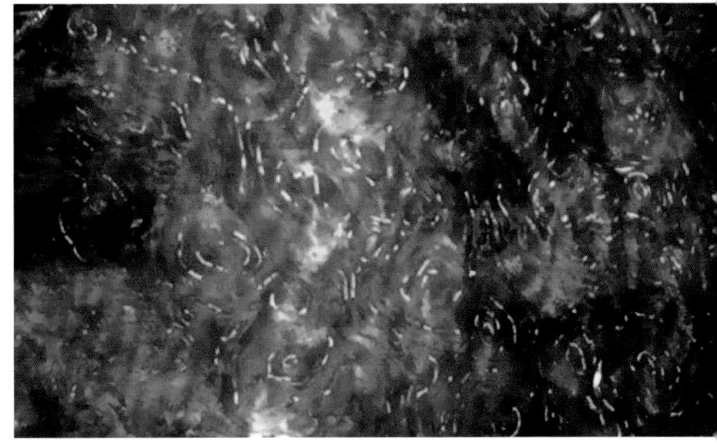

紫檀满螺旋星满水波的珠子

第八节 火焰星和瘤疤星

这里所说的火焰星和瘤疤星是指黑色的火焰纹中带着闪烁的金星

牛毛纹，圆形的瘤疤周边围着金星棕线或棕眼。这种同时出现火焰纹加金星和瘤疤加金星的现象，比较少见。特别是瘤疤加金星的珠子，更为难得。这种瘤疤加金星的珠子往往会在瘤疤的周围形成一圈一圈的螺纹星，衬托着瘤疤的中心圆点，就像天上的星系一样美丽。

紫檀火焰纹加金星的原木

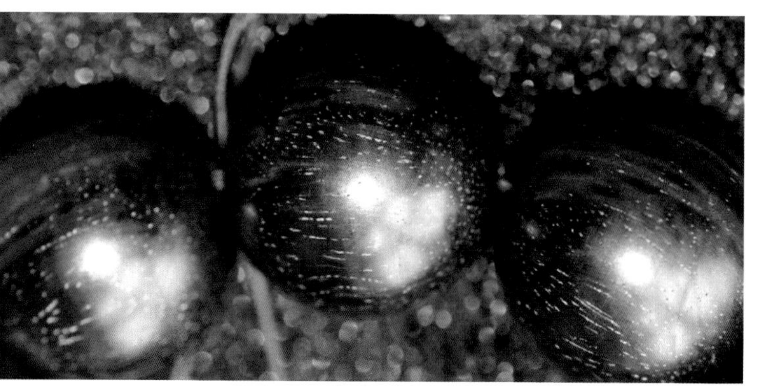

紫檀火焰纹加金星的珠子

紫檀瘤疤加金星的珠子

紫檀瘤疤加螺旋星的珠子

紫檀瘤疤螺旋星珠子（左）与紫檀水波螺旋星珠子（右）

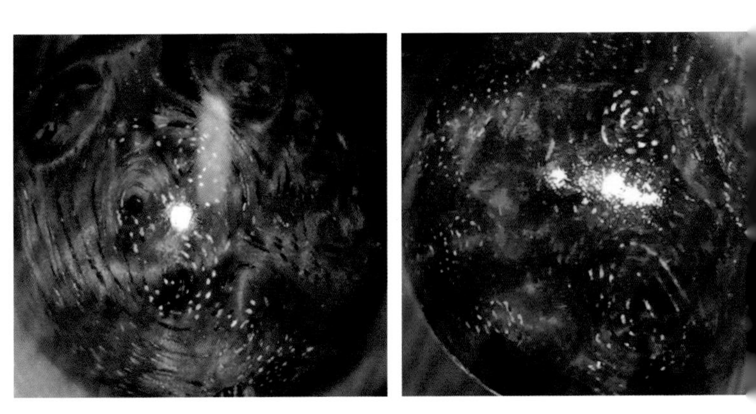

瘤疤螺旋星的数量比水波螺纹星要多。因瘤疤多少有些瑕疵，其品质不如水波螺纹星，所以价格没有水波螺旋星高。

紫檀瘤疤加火焰纹珠子

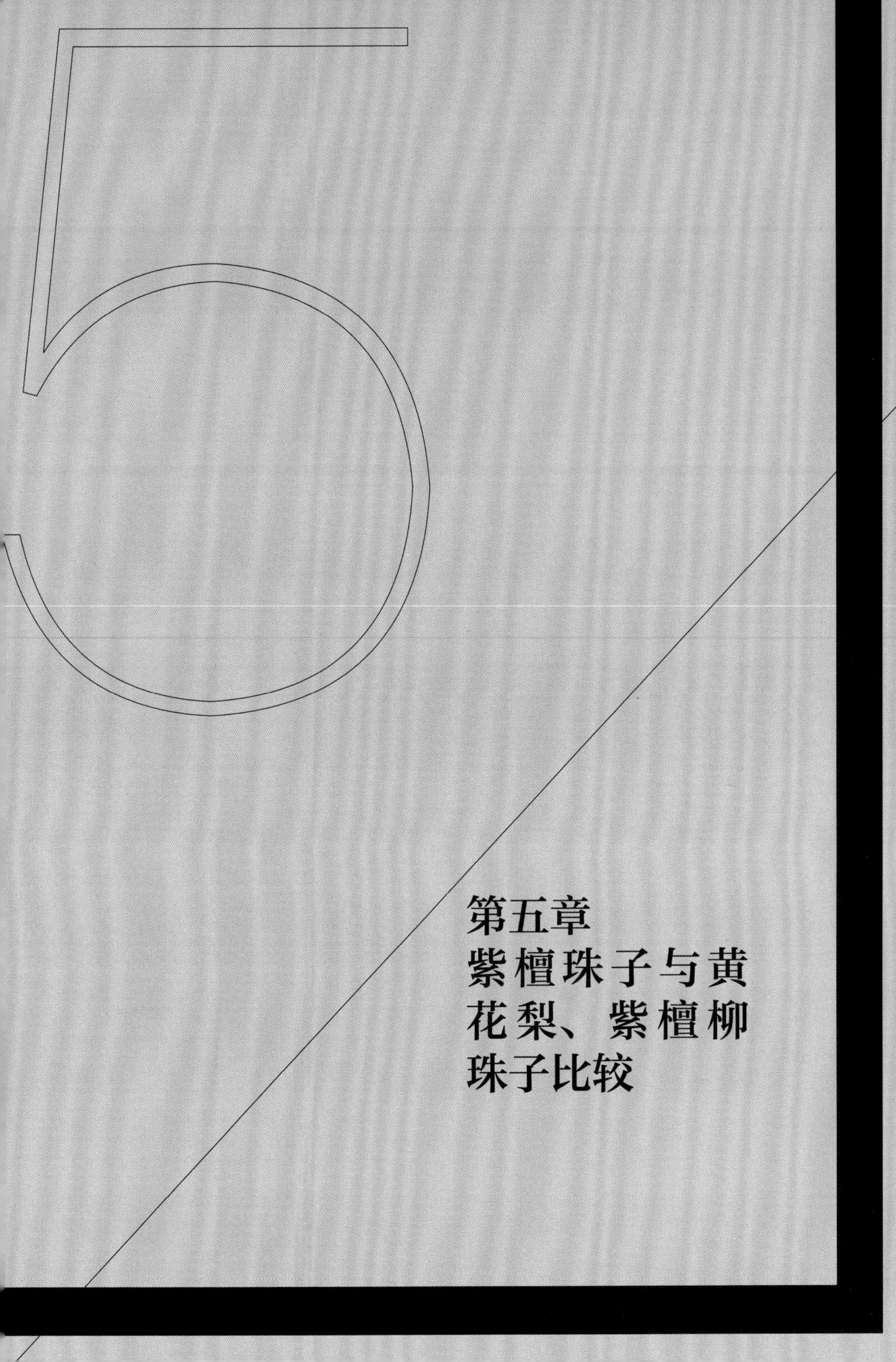

第五章 紫檀珠子与黄花梨、紫檀柳珠子比较

第一节 密度和油性的比较

国标红木中，紫檀当属木中之王，黄花梨被称为木中之后。因野生海南黄华梨在科学意义上已绝种，目前价格要比紫檀贵。

海南黄花梨学名“降香黄檀”，俗称海黄，属国标红木 29 种树木中的黄檀属香枝木类树种。

海南黄花梨又分糠梨和油梨。糠梨也被称作糠格或黄梨，颜色多为浅黄、金黄、淡褐色和红褐色。糠梨相对于油梨来说，密度小、油性荧光稍差些，但多数糠梨的纹理更好，清晰漂亮。它主要产于海南的东部和东北部，例如三亚和海口。

海南黄花梨糠梨珠子料

海南黄花梨糠梨
2.0 珠子

紫檀老料标准 2.0
珠子

糠梨 2.0 珠子明显比紫檀要轻，但其纹理清晰，线条优美，个性张扬，每一串纹理都不一样，比紫檀纹理要漂亮得多。

油梨也称油格或油料，颜色多为深褐色、紫色，最深接近黑色。油梨密度大，油性强，荧光好。它多产于海南的西部，如昌江、乐东、白沙等地。油梨中又有一种紫油梨，它的油性和密度超过了一般的糠梨和油梨，蓝底泛着紫光，价格相对比较贵。紫油梨数量较少，沉水的更少，是海南黄花梨中的极品。

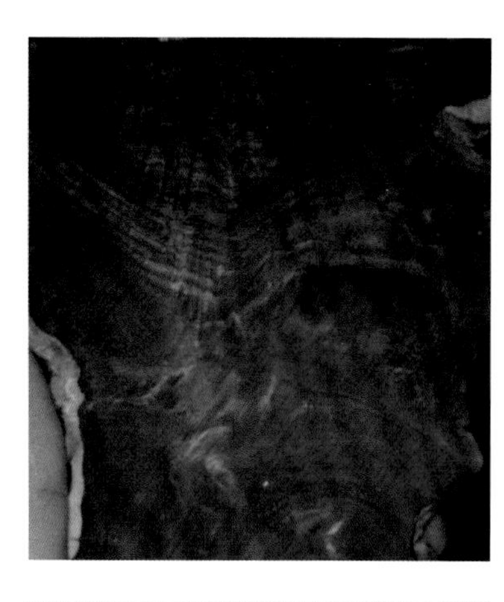

海南黄花梨紫油梨原木及散珠

海南黄花梨紫油梨 2.0 沉水珠子

海南黄花梨紫油梨珠子盘玩一月后效果

紫檀柳是近年出现的一种新的珠子材料，产自越南，又称紫檀瘤，目前其学名还未知。其心材色深红至紫红，边材为白至乳白色，木纹甚密，多扭曲，棕眼不明显，纹理像黄花梨，但没有香味，颜色也相对浅而杂，紫色偏多；它密度像紫檀，入水即沉，硬度也高。紫檀柳稳定性不如黄花梨和紫檀，油性也没有黄花梨和紫檀好，但它同时兼有紫檀的密度和黄花梨的花纹，尽管不属于国际红木树种，还是受到很多人的喜爱，用来做珠子或家具，既沉稳压手，又漂亮实惠。

紫檀柳珠子原料

紫檀柳 1.8 珠子

总的来说，紫檀密度大油性足，纹理颜色稳重大气；黄花梨纹理漂亮，色彩丰富，密度偏轻，油性好差都有；紫檀柳则兼有黄花梨的花纹和紫檀的密度。

第二节 水波纹比较

紫檀的水波纹不如黄花梨和紫檀柳的清楚漂亮，花样也没有它们多。说到水波纹就不得不提金丝楠，在所有木材中，金丝楠的水波纹最具特色和变化莫测。

金丝楠木不是树种名，是指楠木中金丝成色较高、整块木材的金丝结晶率达到70%以上的木材，多产于川蜀之地的深山中，以桢楠树种的金丝楠木最多。金丝楠质地细腻，成色好，香味高雅久远。光照下有“人移景换，一步一景”、步步惊心的奇幻效果。金丝楠埋藏在地下，历经数千年后会逐渐碳化，形成幽暗的阴沉木，其质地更加细腻湿润，纹理更加丰富多彩。

紫檀珠子的水波纹

海南黄花梨珠子的水波纹

金丝楠木珠子的平行波纹和闪电波纹

紫檀闪电波纹和金丝楠闪电波纹

紫檀柳珠子水波纹

紫檀柳珠子集的水波纹

紫檀的水波纹刚成品时容易看见，抹油后更清楚，但氧化后又不明显，要打上灯光才能显现。而黄花梨、紫檀柳、金丝楠氧化后依然清晰，只是金丝楠珠子要胶磨或上光漆后，水波纹才更明显。

第三节 瘿子比较

因为瘿木资源的稀少，近年来，很多玩家开始收藏紫檀瘿木珠子，其价格也一路上升，是普通珠子的 2 ~ 3 倍。尽管如此，同样的瘿瘤品质，黄花梨瘿子珠子还是比紫檀贵 6 倍左右。紫檀柳瘿木珠子近三年也涨了 5 倍左右。

海南黄花梨瘿木珠子

海南黄花梨瘤疤原木与珠子

紫檀柳2.0珠子

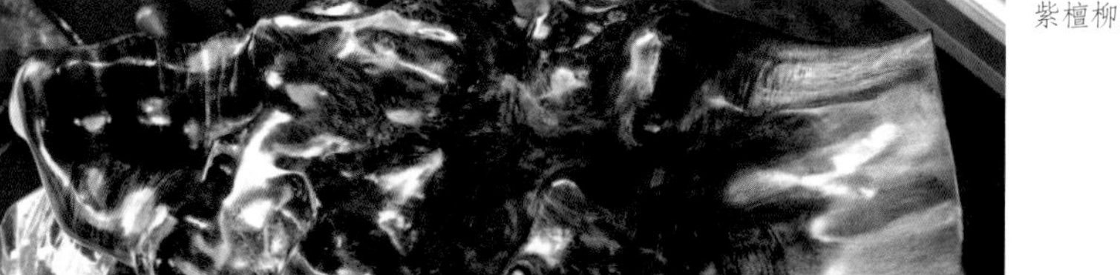

紫檀柳瘤疤原木

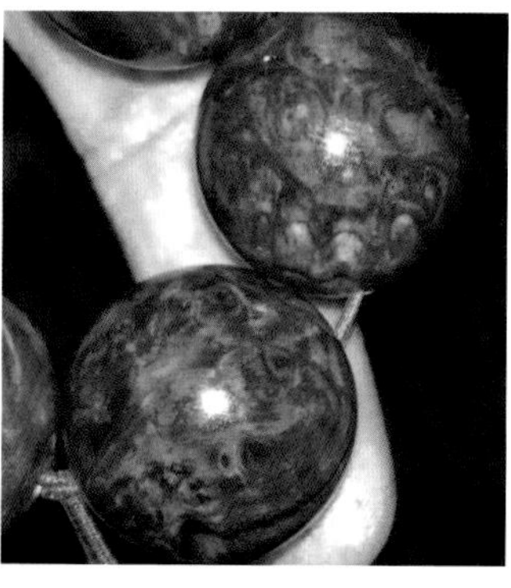

紫檀瘤疤 2.0 的珠子

第四节 纹理比较

本章第一节讲述了紫檀与黄花梨、紫檀柳的料质比较，即油性和密度的比较，这节介绍它们之间的纹理区别。紫檀的纹理主要有：牛毛纹（S 纹）、金星、瘿子和旋涡纹（图见前面章节）；黄花梨有鬼脸、鬼眼、箭羽纹、虎皮纹、蜘蛛纹等；紫檀柳的纹理与黄花梨差不多，有鬼脸、天眼、箭羽纹、蜘蛛纹等。

黄花梨带鬼脸
2.0 珠子

黄花梨带虎皮纹
的 2.0 珠子

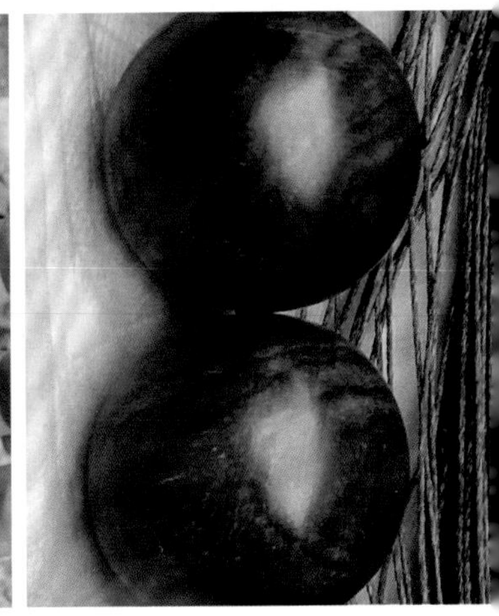

黄花梨带箭羽纹
（左）和带蜘蛛
纹（右）的 2.0
珠子

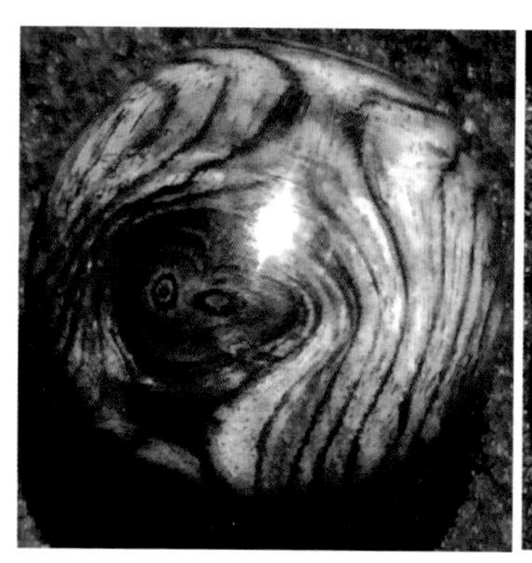

紫檀柳带鬼脸（左）和带天眼(右)的2.0珠子

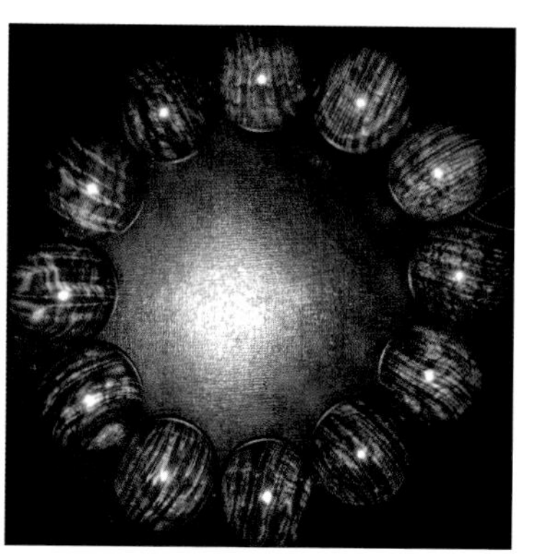

紫檀柳带箭羽纹（左）和带蜘蛛纹（右）的2.0珠子

第五节 对眼

对眼是利用树心的木纹，沿树心方向，偏离树心钻孔，制作出来的珠子。在黄花梨、紫檀柳等珠子中，对眼手串算上上品。就手串而言，极品对眼的黄花梨手串价格已超过极品瘿子手串价格；就是极品的紫檀柳珠子价格也一路飙升，远超普通海南黄花梨珠子价格。这其中的原因主要有以下三点：

一、对眼手串的原料稀缺：能做对眼珠子的木料必须是沿着树心的纹理清晰完整；如果模糊或不规整、不干净，则做出的对眼珠子效果差。

二、对眼纹理只能在圆珠上体现：对眼的纹理不像瘿子、水波纹之类能在平面、圆柱、方形等形状的木料上显现，它只有按特定的方法制作，在圆珠上才能显现，所以要看到对眼的纹理，只能借助圆形的珠子。

三、对眼珠子的制作技术要求高：制作对眼珠子，要根据原木纹理的大小、密集程度、清晰度、圆度、是否完整、树心是不是中心点等不同情况，设计不同的制作方法。比如木纹集中在树心位置，则做 2.0 的就比 2.5 的效果要好得多。下面这两串珠子是同一木料所制，2.0 的比 2.5 的对眼纹理效果要好。

同料紫檀柳制作的 2.0（左）和 2.5（右）对眼珠子

黄花梨紫油梨对眼原木及对眼珠子

紫檀柳 2.0（左）和黄花梨 2.0（右）对眼珠子

海南黄花梨 2.5 对眼手串

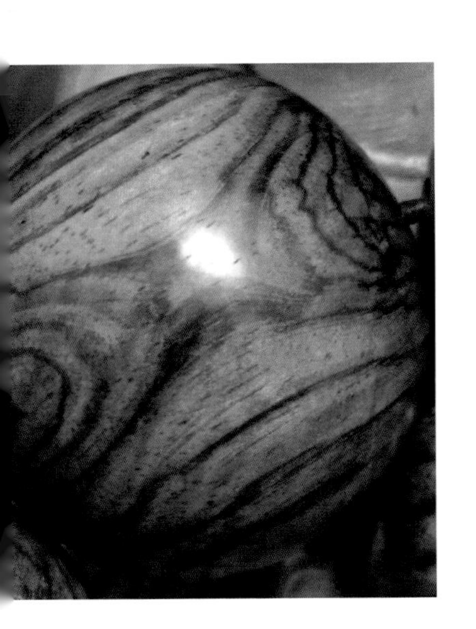

紫檀柳 2.0 对眼手串

对眼珠子除了黄花梨和紫檀柳的材质外，还有印度花梨、黄金柚、赞比亚花梨等树木，而小叶紫檀的几乎没有对眼，有效果也比较差。

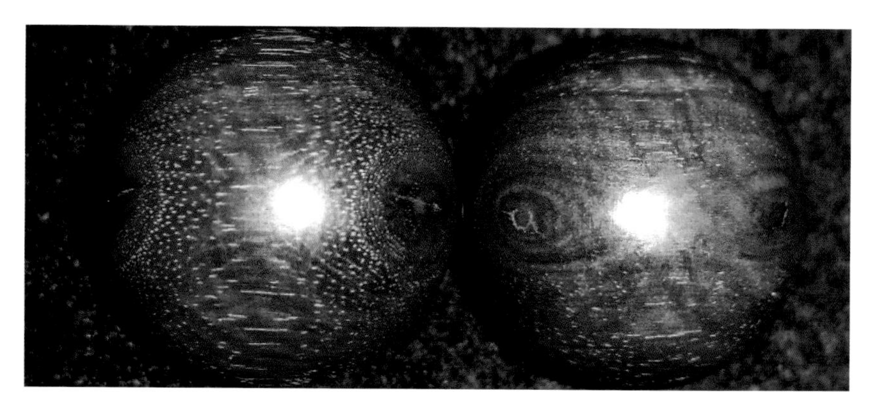

印度花梨（上左）、黄金柚（上右）和紫檀对眼手串（下）

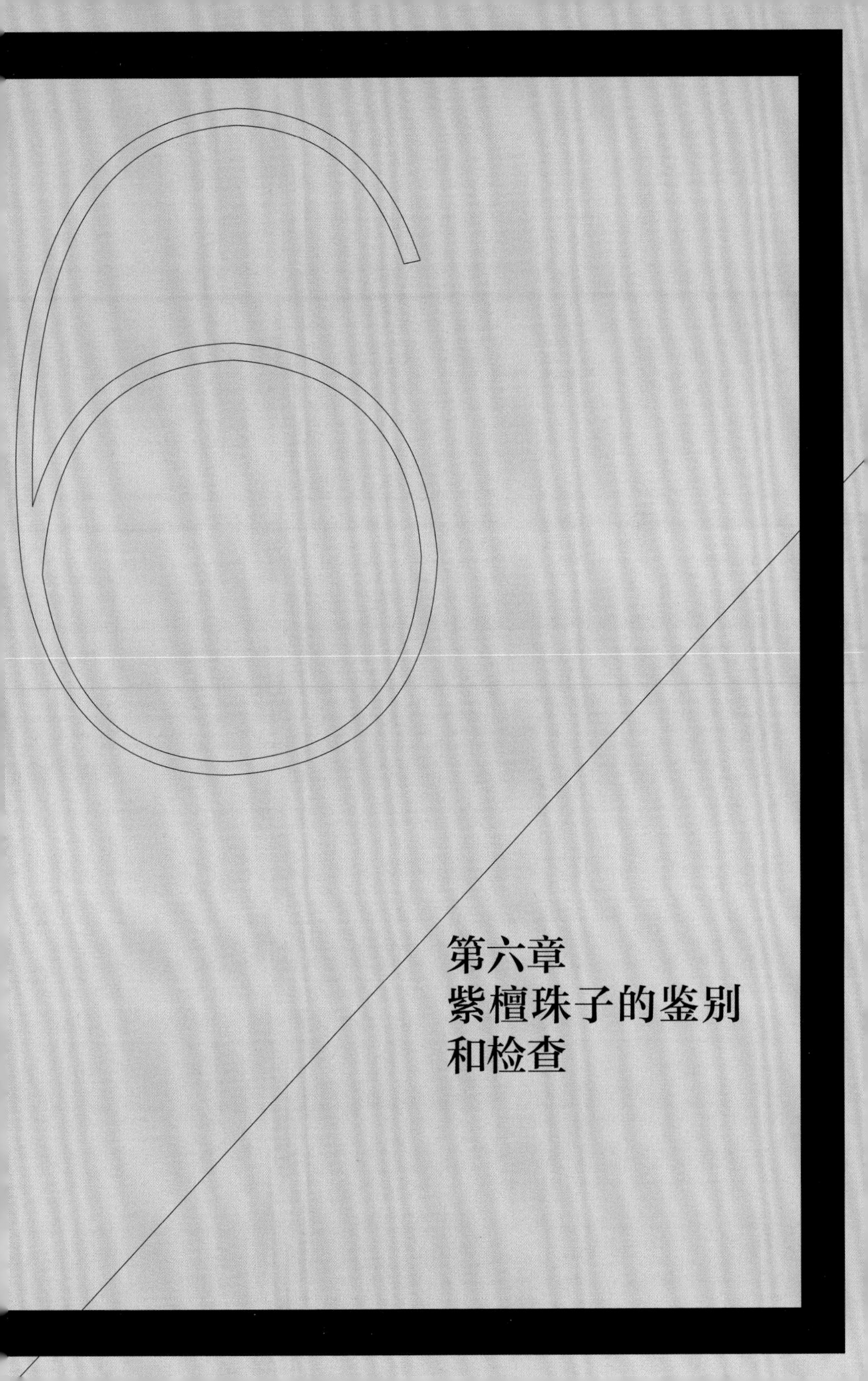

第六章
紫檀珠子的鉴别和检查

第一节 紫檀珠子无损鉴别

紫檀珠子材质的鉴别分为无损鉴别和破坏鉴别。珠子是成品，鉴别起来没有原木料那么方便。无损鉴别主要是从重量、牛毛纹、颜色和气味几个方面进行鉴别。

一是重量：紫檀的气干密度是 1.05 ～ 1.26g/cm^3，所以紫檀珠子一定是入水即沉，放到手上与花梨木、血檀、红檀等比较明显压手，分量要沉。常见的 2.0、1.8 和 1.5 规格的标准珠子，带葫芦头一串最低重量分别是：54g、43g 和 29g。所以称一下，如果重量在这个最低限值以下，可以判断是假货。

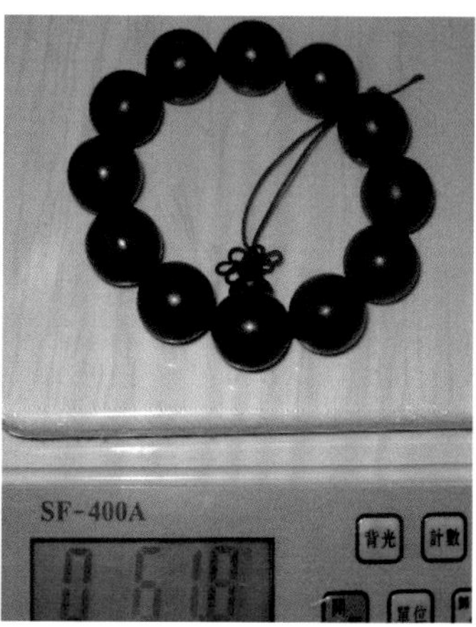

紫檀 2.0 手串重量

紫檀 0.8 珠子沉水，血檀 0.8 珠子不沉水

如果是 0.8、0.6 和 0.3 规格的小珠子，可以拆下一颗放入水中，不沉水则不是紫檀材料。

二是牛毛纹和颜色：紫檀的毛孔细而长，常有弯曲，年轮纹不明显，肉眼下几乎不可见。紫檀新料刚打磨出来的珠子多为橘黄色或橘红色，一段时间后会变为紫红色或紫黑色；老料刚打磨后珠子为深红色或紫红色，少数紫黑色，一段时间后氧化为紫黑色。

紫檀新料（左）和紫檀拆房料（右）刚成品的 2.0 珠子

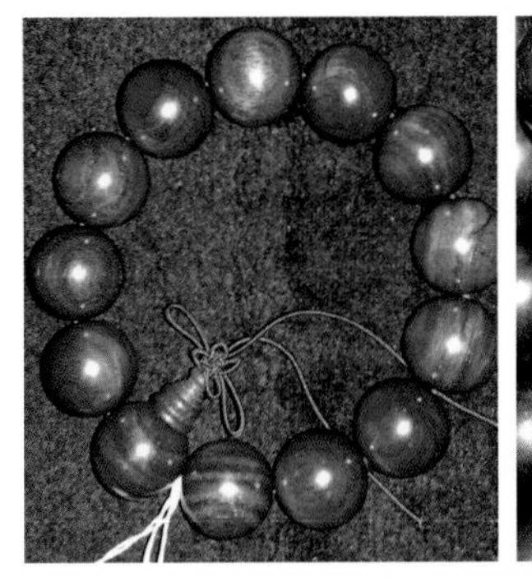

紫檀新料刚成品珠子上的毛孔

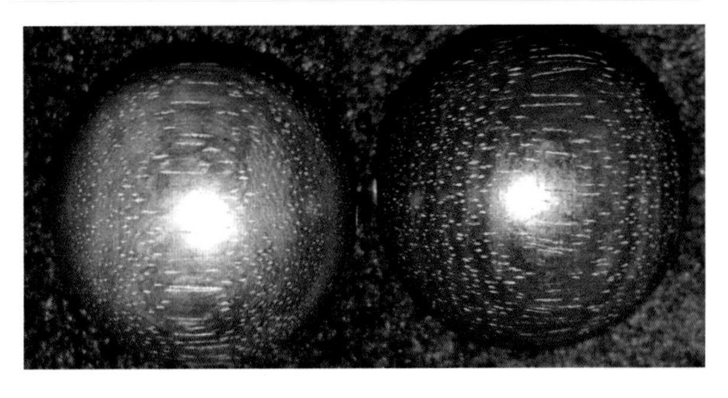

三是气味：实际上，判断紫檀最重要的一个指标是“气味”。紫檀的学名为“檀香紫檀”，因此是否有“檀香气味”是判断是不是紫檀的重要依据。从目前的经验看，有些假紫檀，其外观、密度、颜色、酒精试验和荧光反应都与真紫檀相同，唯一的区别就是假紫檀没有檀香味而真紫檀有，所以檀香气味是我们非专业人员对紫檀真假的终极鉴别方法。

紫檀新料和紫檀老料气味稍有不同，新料檀香气味清香，少量甚至略带"甜香"，靠近花梨（大果紫檀）味。老料檀香气味浓重，有些紫檀老料长期成堆放置，其气味会略带"酸香"，少数还会带"酒糟"气味。但不管怎样，其檀香味一定有。新做的珠子直接放到手上或用手搓几下加热后，就能闻到檀香气味。放置时间比较长的珠子，直接闻不到气味，或气味不明显。这时可以通过以下两种方法闻到气味：一是用钻头将三通的串线孔再扩孔钻一次，闻烟的气味；二是用烧红的铁丝插入到珠子的孔内，闻燃烧的烟味。

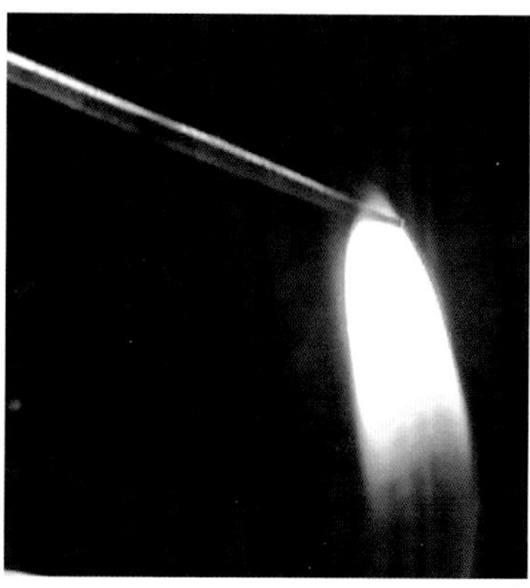

紫檀扩孔（左）插入烧红铁丝（和下）闻气味

第二节 紫檀珠子有损鉴别

紫檀珠子的有损鉴别主要有荧光反应、酒精试验和燃烧气味三种方式。

荧光反应是指将珠子上切下的木块放入装有水的杯子中出现蓝色

机油般的荧光现象。紫檀属树种都具有荧光反应现象，包括紫檀类、花梨类，但花梨与紫檀在外形、颜色、纹理等方面很容易分辨，一般不会有人将花梨冒充紫檀，而且紫檀放入水中大部分要经过 4 个小时左右(视温度、料质情况而不同)才会出现荧光,也有少数立即出现荧光。花梨类木材放入水中会立即出现荧光，相比紫檀更蓝更浓。大家经常会发现放到室外的花梨木被雨淋后，地上出现蓝色的水流。

紫檀和花梨木浸水荧光反应

另外，除了花梨木和紫檀外，科檀（科特迪瓦小叶紫檀）在浸泡一天后也会出现微弱的荧光。

尼泊尔紫檀没有荧光，科檀会有微弱的荧光

酒精试验是将珠子上切下的木块放入装有酒精的杯子中，看木块中的物质与酒精反应后是否立即出现特定的颜色。

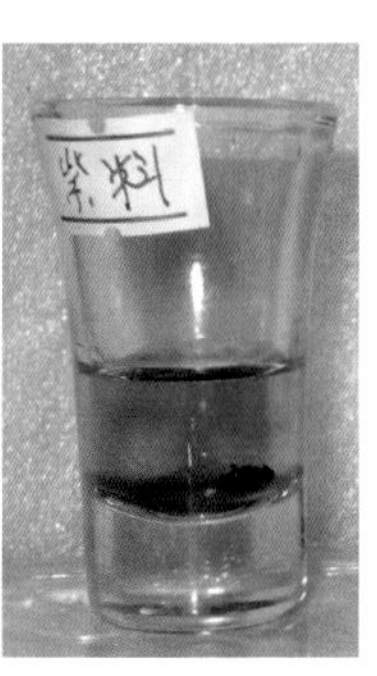

紫檀木块放入酒精中出现云雾状橘黄色现象

从左到右可以看到紫檀周围云雾状橘红色不断增加，其试验的时间分别是：10:14:20，10:14:35，10:15:15，10:58:15，即相隔15秒，40秒和43分钟。放置到第二天，部分酒精挥发，在琉璃杯的内壁上会出现橘红色粉末，牢牢附着其上，只有再用酒精溶解才能去除。

杯子内壁上橘红色粉末

杯子内壁上橘红色粉末

市场上与紫檀一样能出现酒精反应的树木有很多，常见的有：大叶紫檀（卢氏黑黄檀）、大红酸枝（交趾黄檀）、科檀、尼泊尔小叶紫檀、花枝（巴里黄檀）、白酸枝（奥氏黄檀）和缅甸花梨（大果紫檀）等，它们的酒精试验结果各不相同，下面分别列出这些原木的外观和酒精反应颜色。

大叶紫檀和大红酸枝外观

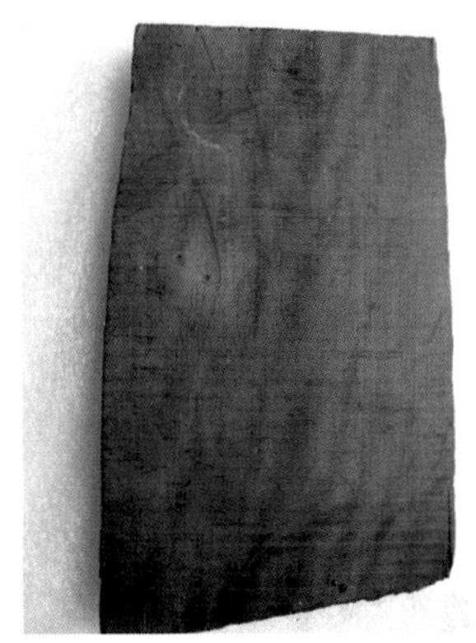

大叶紫檀和大红酸枝酒精溶液

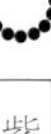

尼泊尔小叶紫和科檀的外观

科檀和尼泊尔小叶紫檀酒精溶液

缅甸花梨木、枝和白酸枝外

酒精溶液

缅甸花梨木　　花枝　　白酸枝

燃烧闻气味：将珠子上切下的木块用铁夹子夹住，再将其点燃，闻燃烧的烟味；如果是小叶紫檀，则有檀香味，且燃烧后的烟灰为白色不结焦。

紫檀燃烧后出现檀香味的白烟和白色的烟灰不结焦

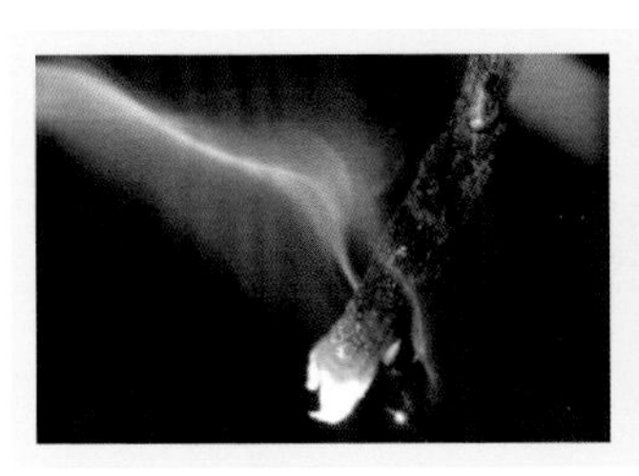

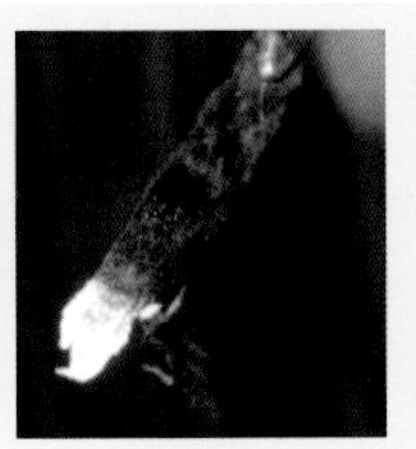

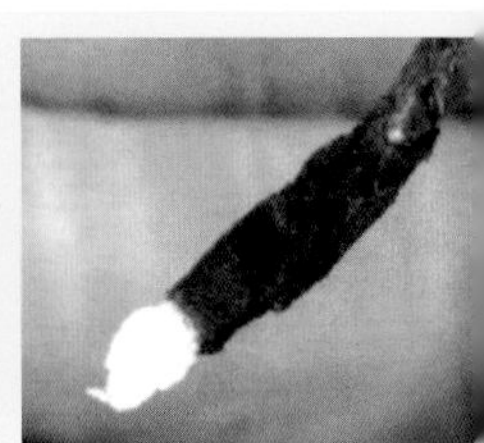

第三节
紫檀“兄弟”——血檀

目前市面上90%的假紫檀珠子是用血檀制作的。它的毛孔、颜色、纹理与小叶紫檀基本一样，酒精试验、荧光反应与小叶紫檀完全一样，部分血檀原木密度油性与小叶紫檀一样优良，有的甚至超过小叶紫檀。关于血檀的权威资料不多，普遍认为血檀归于染料紫檀（*Pterocarpus tinctorius*），是非洲的一种珍贵木材，分布于非洲东部、中部和西南部，从安哥拉到坦桑尼亚，主要是赞比亚、刚果（金）、莫桑比克等国家。

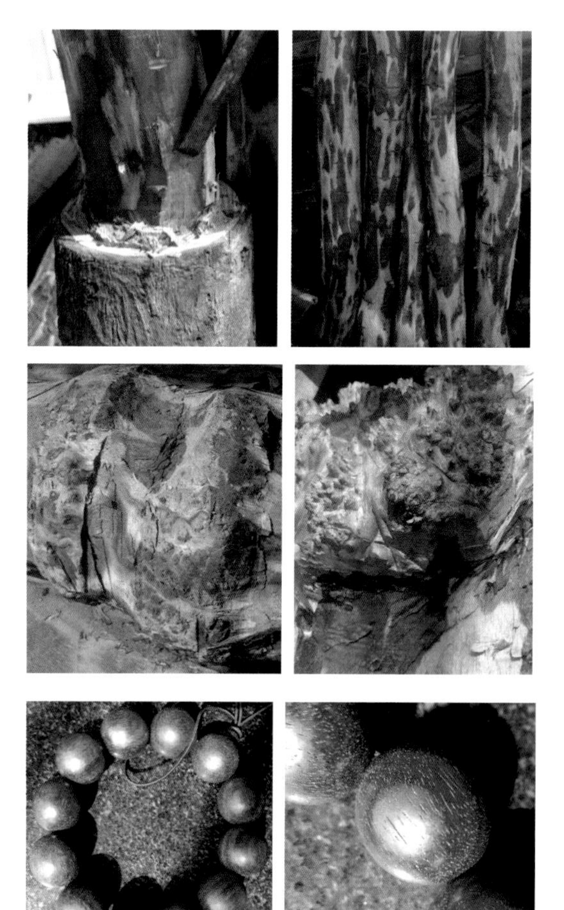

刚去除树皮和边材的血檀原木

血檀瘿木原木

血檀2.0珠子的外观

血檀 0.7×0.9 珠子的外观

血檀原木的密度 90% 以上比小叶紫檀低。这些低密度的血檀用来制作摆件或家具，少部分密度油性高的原木，一到我国就被二道贩子挑出来，做成珠子手串。但这些量还不足目前市场上血檀珠子数量的五分之一，所以从重量上判别可以很大程度上减少购买假紫檀珠子的风险。标准 2.0、1.8 和 1.5 规格真紫檀的最低重量分别是：54g、43g 和 29g。如果同样规格的紫檀珠子重量比这个数低，那就怀疑是不是小叶紫檀的珠子。

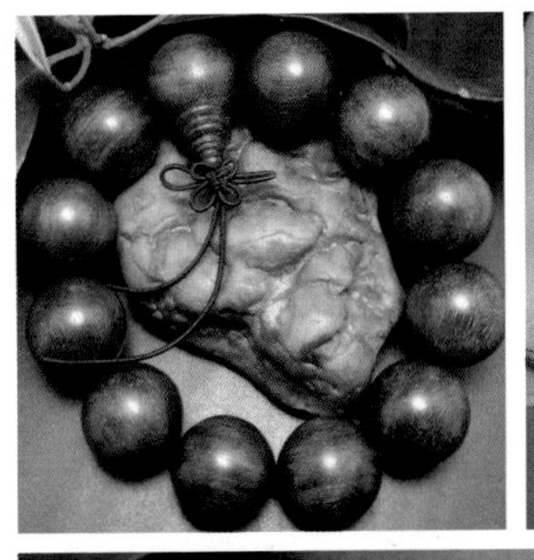

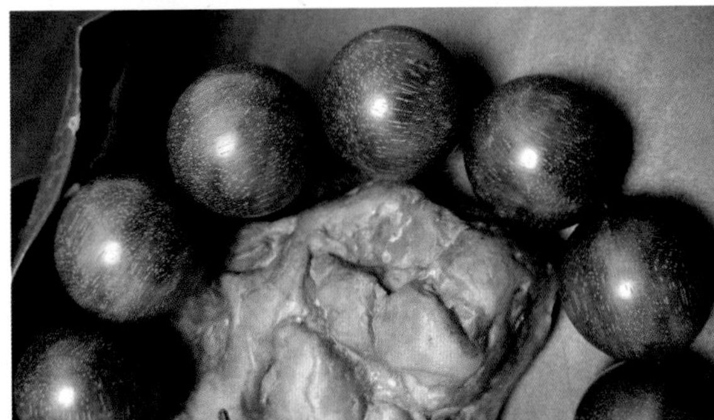

普通血檀 2.0 珠子重量

血檀1.8珠子（左）和紫檀1.8珠子（右）外观对比

血檀1.8珠子（上）和紫檀1.8珠子（下）纹理对比

紫檀1.8珠子（左）和血檀1.8珠子（右）重量对比

血檀中也有密度比较大的，这样血檀珠子除了通过燃烧气味的方式外，非常难以分辨是小叶紫檀还是血檀。

血檀密度比较大的2.0珠子

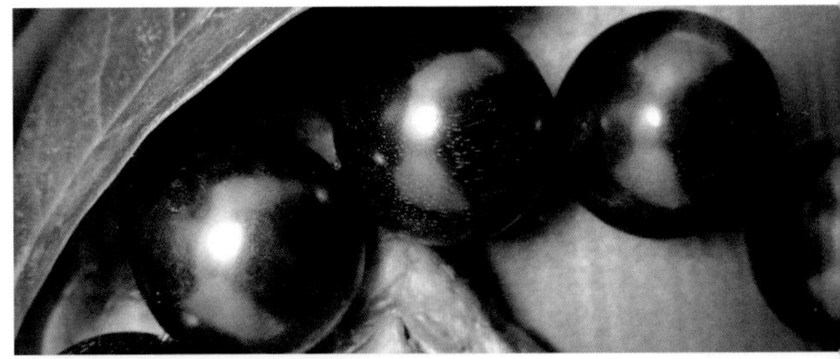

带瘤疤的血檀
2.0 珠子

带瘤疤的血檀
2.0 珠子的重量

血檀的酒精试验与荧光反应与小叶紫檀完全一样，所以不要指望通过这两种方式来判别是紫檀还是血檀。

血檀酒精试验
结果与紫檀完
全一样

血檀荧光反应（左）和小叶紫檀荧光反应(右)

对于高油性高密度的血檀珠子来说，可通过气味来判断；如果是切片燃烧，区别就更加明显：血檀除了没有檀香味外，燃烧时烟味很呛，熏鼻子，燃烧后，结成焦炭；而紫檀燃烧时烟味是檀香味，烟浓时檀香呛鼻子，但不熏人，燃烧后为柔软灰白色棉絮状烟灰。

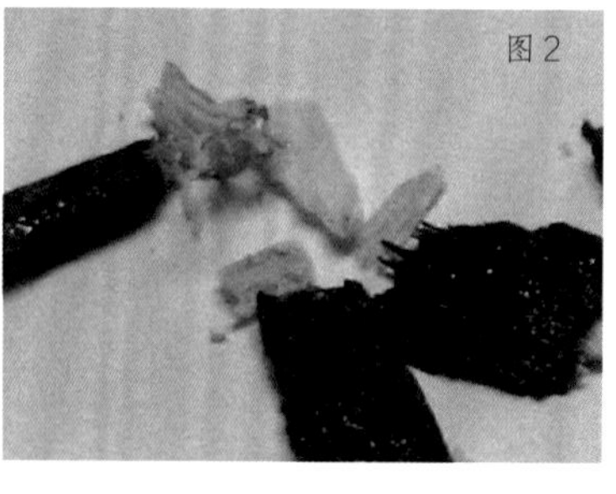

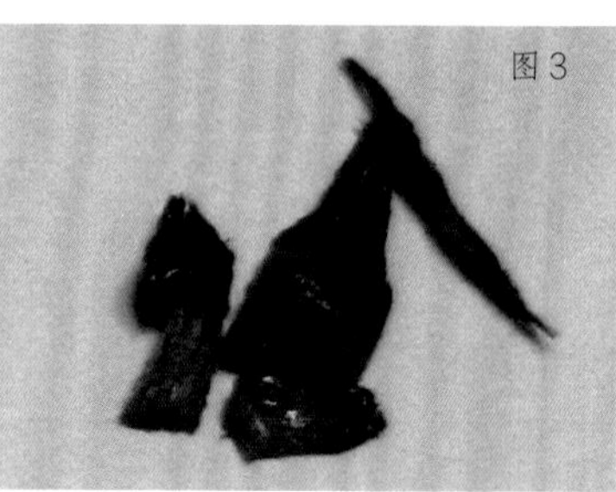

血檀燃烧结焦烟黑（图1和图2）紫不结焦烟白色（图

第四节
紫檀“远亲”——紫光檀和大红酸枝

在国标 29 种红木中，密度最大、料质最细腻、毛孔极稀极细的木头当属紫光檀，树种中文名东非黑黄檀，市场上冒充出土紫檀古董的基本就是它。

东非黑黄檀（*Dalbergia melanoxylon* Guill. & Perr.）属国际红木中黄檀属黑酸枝木类，是当今最重最硬的红木木材，又名黑紫檀、紫光檀、犀牛角紫檀、非洲黑檀、莫桑比克黑檀（Mozambique Ebony）、塞内加尔黑檀（Senegal Ebony）等。分布于非洲东部（坦桑尼亚、塞内加尔、莫桑比克），属热带雨林落叶小乔木。原木外形难看，扭曲而多中空，加工困难，出材率很低，仅为 10% ～ 15%，但其切面滑润，棕眼稀少，肌理紧密，油质厚重。用紫光檀制作器物，无须上漆打蜡，便显现幽幽之自然光泽，鲜艳无比。有些紫光檀变化莫测的黑色花纹似名山大川，如行云流水，胜碧玉琼瑶，令印象派大师自叹不如。

东非黑黄檀的心材和边材外观

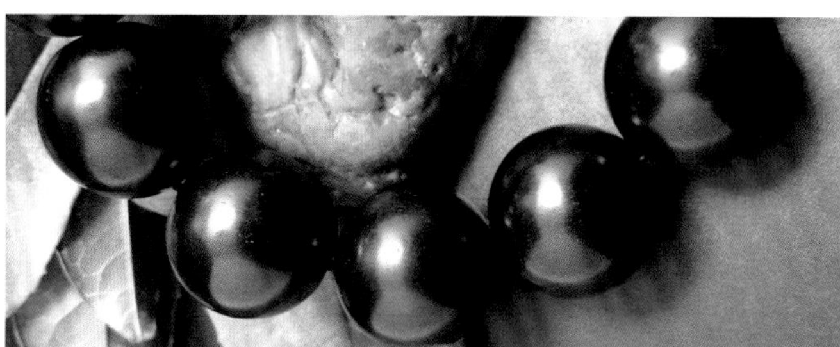

东非黑黄檀2.0珠子

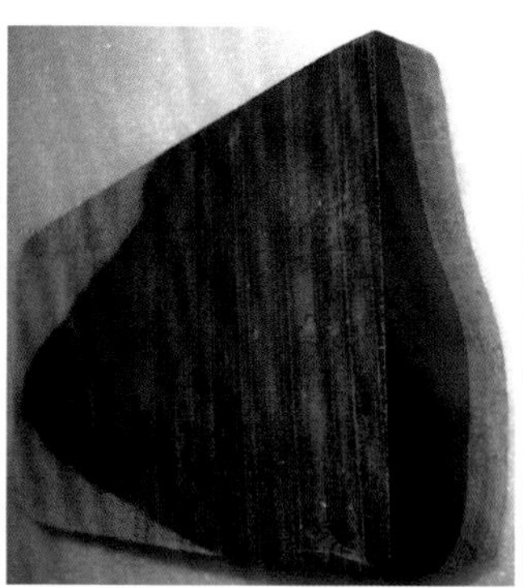

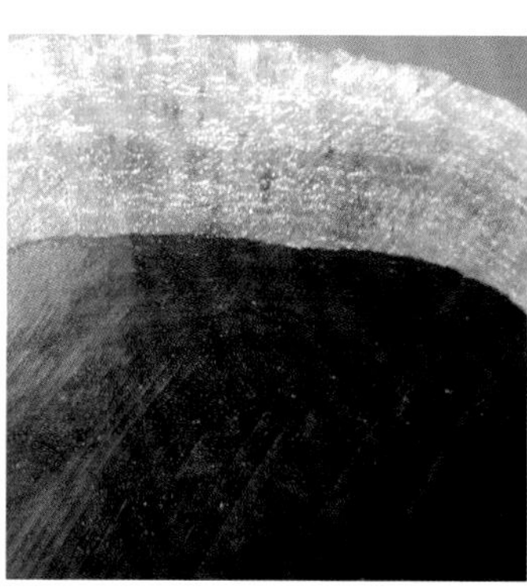

东非黑黄檀细腻的料质

经常有人拿着黑黝黝的手串，说是盘了很多年的小叶紫檀，已经氧化变黑，老油料，极品质料，醇化得像胶一样；更有甚者，说是出土的小叶紫檀，明清两代的老古董。其实这些就是盘了没多久的紫光檀。

东非黑黄檀 0.8 珠子

做旧冒充小叶紫檀出土佛珠的东非黑黄檀 0.8 珠子

有人用紫光檀来冒充小叶紫檀旧珠子，而另外一种大名鼎鼎的红木——大红酸枝，因颜色接近紫檀，常被人用来冒充小叶紫檀新珠子。

大红酸枝也就是传统的“红木”或“老红木”，主产于越南、老挝等地，与现在国标中所说的红木不同。国标红木包括 5 属 8 类 29 种树木，大红酸枝归黄檀属红酸枝木类，其学名为交趾黄檀（*Dalbergia cochinchinensis* Pierre）。

当商家告诉你某件家具为红酸枝时，千万不要误认为就是“大红酸枝（交趾黄檀）”。红酸枝类有 7 种树木，分别是巴里黄檀（花枝）、赛州黄檀、交趾黄檀、绒毛黄檀、中美洲黄檀、奥氏黄檀（白酸枝）、微凹黄檀，它们的价格相差较大。市场上容易与大红酸枝混淆叫法的主要有巴里黄檀和奥氏黄檀。

交趾黄檀，俗称“大红酸枝”，主要分布于泰国、老挝、越南和柬埔寨等地，中乔木。在老挝主产于沙拉弯省和占巴色省，其价格是巴里黄檀和奥氏黄檀的 3 ～ 5 倍。

巴里黄檀，俗称“紫酸枝”“花枝木”，主要分布于老挝、柬埔寨等地，大乔木。在老挝主产于沙耶武里省，其价格是交趾黄檀的三分之一左右，比奥氏黄檀贵百分之十左右。

奥氏黄檀，俗称“白酸枝”及“缅甸酸枝”，主要分布于缅甸、泰国及老挝等地，中至大乔木。在老挝主产于低海拔混交林中，但产量相对较少；缅甸出产量较多，通常与巴里黄檀作为同一种商品材出售，价格相差不大。

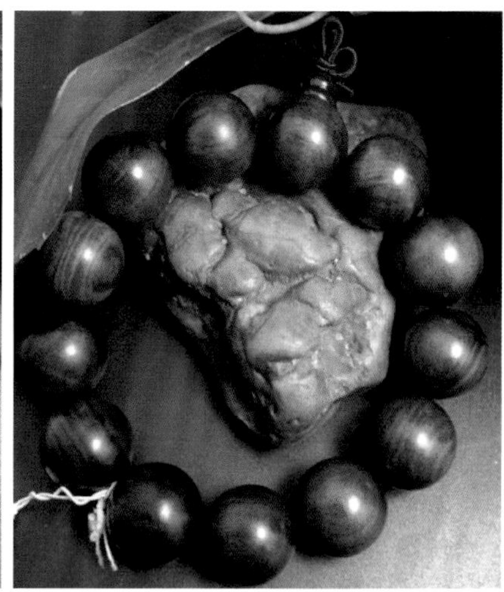

大红酸枝 2.0 珠子

大红酸枝绿黑料 2.0 珠子

第五节 真假金星鉴别

满金星的紫檀价格历来比少金星的紫檀价格要高 1.5 ～ 3 倍，而爆满金星的就更不用说，因此市场上就有人制造假金星冒充满金星高价出售。

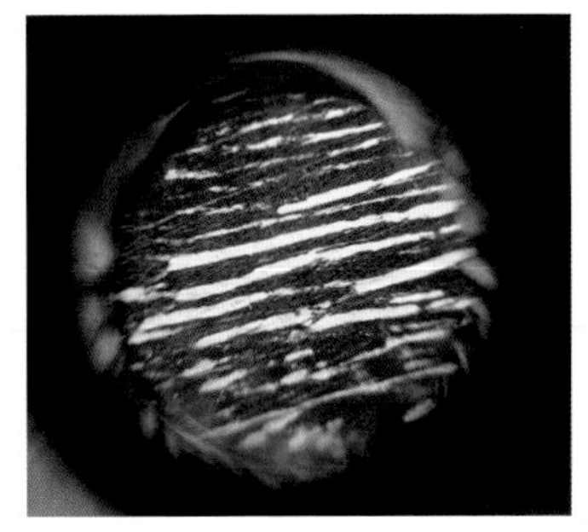

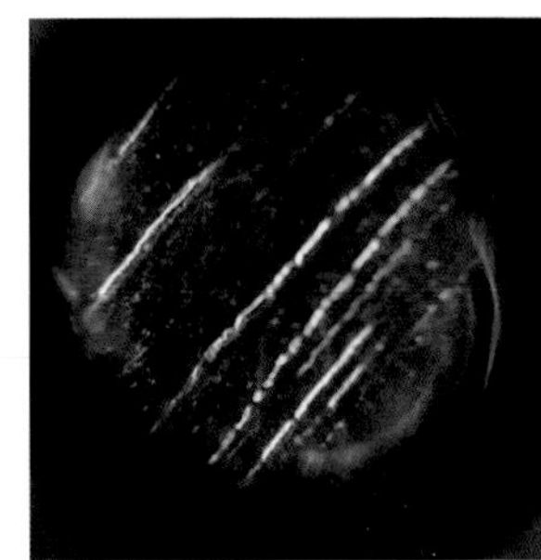

假金星（左）和真金星（右）放大 10 倍图

从上面两图可以看出，假金星在导管（牛毛孔）中全部填满，呈连续状，而真金星是一段一段的，像雨水打在玻璃上留下的痕迹。

真假金星和牛毛紫檀佛珠

在佛珠中，做假金星的现象比较多，上图三串佛珠中，左上一串为假金星，看上去像是爆满金星；左下一串为牛毛紫檀，刚成品时，打磨的紫檀粉填入到导管中，粗看起来比较像金星，时间长了紫檀粉掉落，一条一条的导管孔就会明显地显现出来；右边一串为带金星的手串，毛孔中有断断续续的“金星”。

假金星珠子上毛孔中连续地填满了人为物质

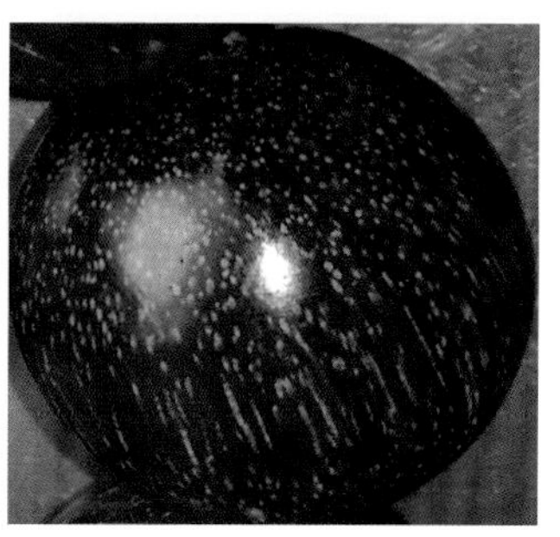

左边为真金星佛珠，右边为刚打磨出来的牛毛孔佛珠

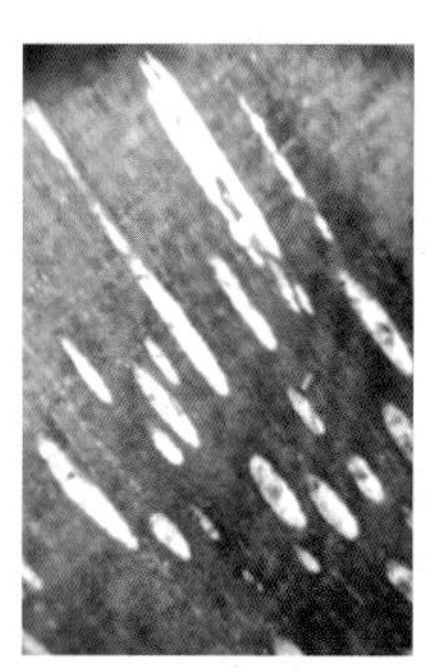
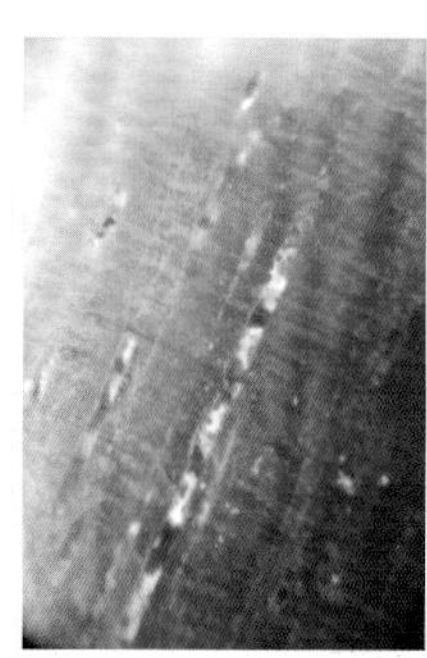
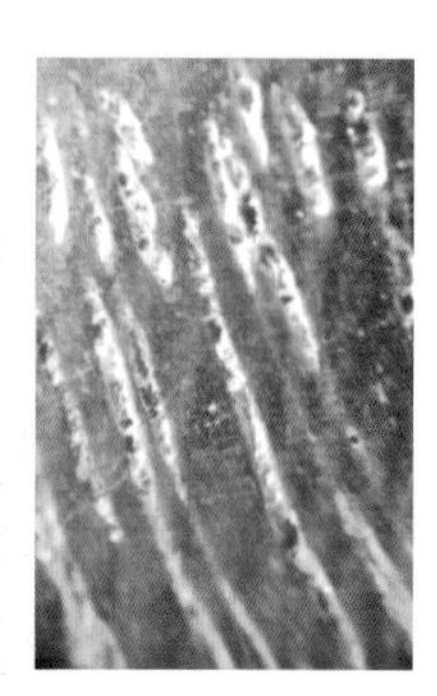

假金星（左）、真金星（中）和牛毛孔（右）佛珠上的棕线

假金星制作的方法多种多样。最初是用胶将紫檀粉粘到毛孔中，后来有用铜粉的，现在据说是用 6 种物质的配方制成“金星”，再用特殊的工艺固定到紫檀的毛孔中。

假金星制作：将配方撒入装胶水的脸盆中，放入佛珠浸泡，取出滤干，再放入布袋中搓光滑。

第六节 高仿假金星鉴别

目前市面上还有一种高仿金星的紫檀珠子，做出来的星放大后也是点状的，而且这种高仿星制作的原坯珠子往往是带星的小叶紫檀珠子，所以做出来的紫檀珠子真星和假星混杂在一起，冒充满星或爆满金星的手串高价销售，鉴别起来难度比较大。有些高仿星还会做上黑星，因为大多数粗星及老料珠子金星都会带有黑星，这样只从外观上一般人很难区别真星和假星。购买满金星手串时一定要选择专业的厂商，不能贪便宜。

紫檀高仿假星
1.5手串

紫檀高仿假星（左）和真星（右）1.8手串

紫檀高仿假星（下）和真星（上）对比

鉴别这种高仿假星主要有两种方法，一种是保守的方法，用30倍以上放大镜抽取不同部位5～10条毛孔中的金星放大，可观看到：在竖切面上，条状毛孔中的真星与毛孔边沿为不规则的边线和木粉，或椭圆形的米粒状（盘玩后），自然灵活，不呆板，金星呈乳白色胶状，在不同光线下拍摄颜色会略有不同。

紫檀刚成品珠子真金星放大图

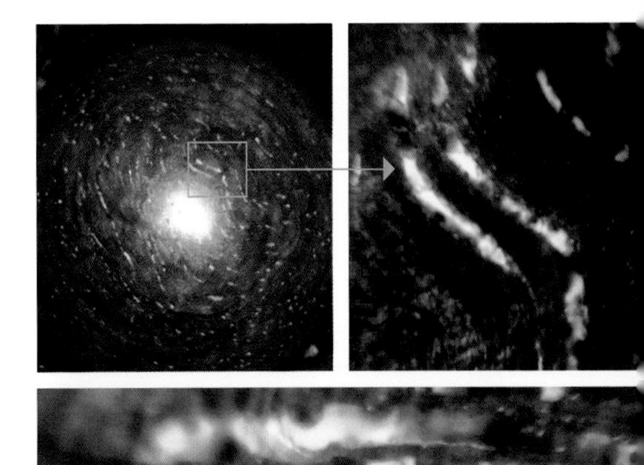

紫檀同一金星在不同光线下放大图，颜色略有不同

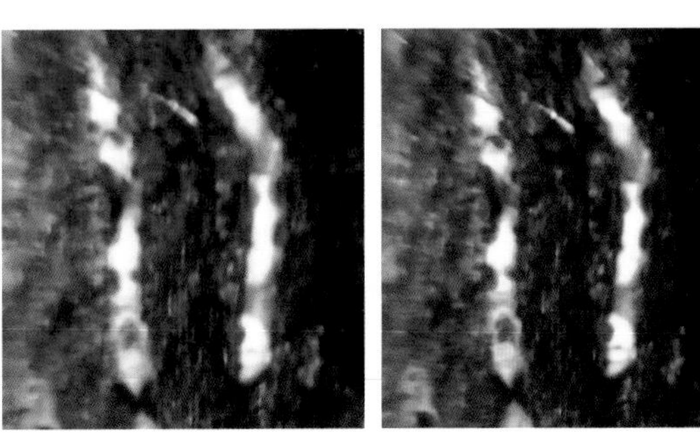

紫檀真金星在横切面上的点状放大图

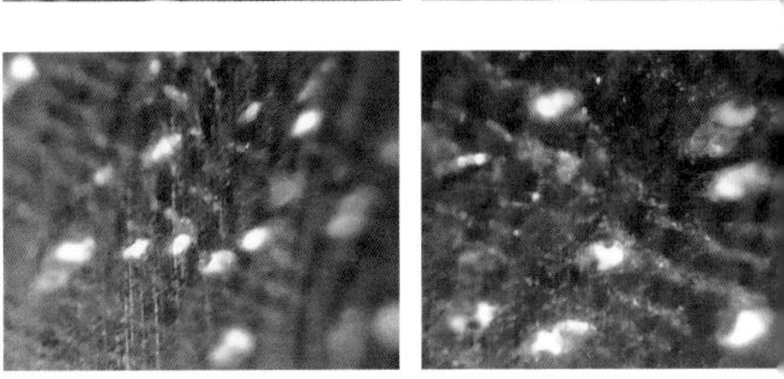

真金星盘玩一段时间后，毛孔中的紫檀粉末会自动掉落，金星与毛孔边沿就分得更清晰，看起来像米粒一样，一颗一颗，更加漂亮迷人。

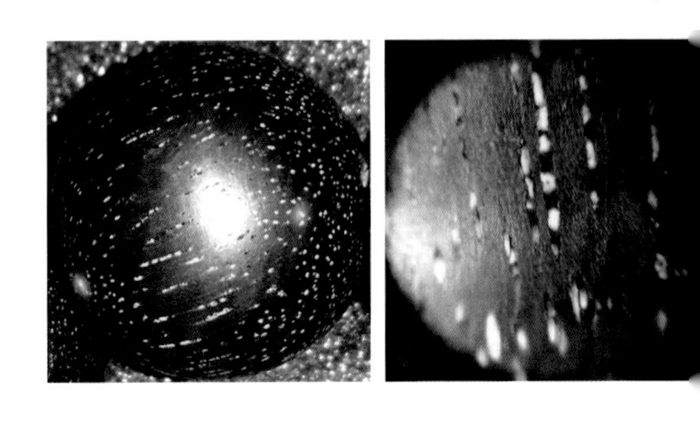

紫檀真金星盘玩三个月后放大图

紫檀高仿假星放大图

紫檀高仿假星在横切面上的点状放大图

由于高仿技术在不断更新，保守鉴别方法又要求有丰富的经验，鉴别结果有时也不一定准确，这样就要采用第二种鉴别方法：切片检测。这种方法不论高仿水平多高，都准确有效，但要破坏珠子。切开珠子，或打磨一个面，如果新开面上有星，则为真星；否则表面上的星就为假星，或只有表皮有星。所以当你购买满星或爆满星紫檀珠子时，尽量要求商家提供同料备用珠，以备切片检测。

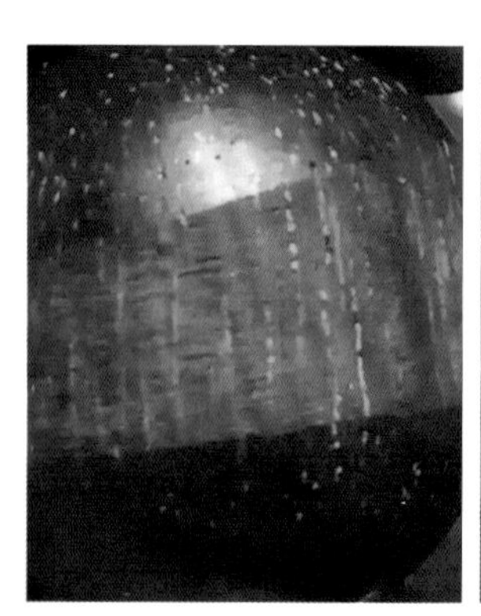

紫檀真星切片检测

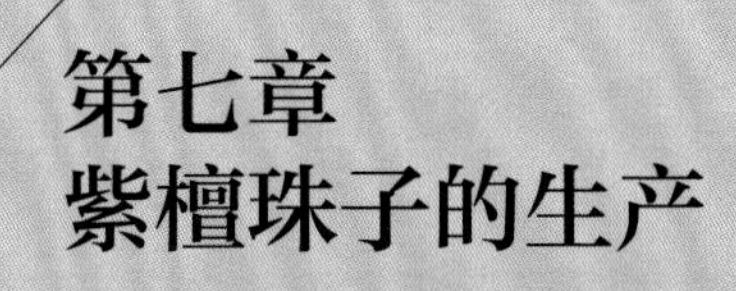

第七章 紫檀珠子的生产

紫檀珠子的生产方法有多种，它们的工艺流程、设备、制造成本、产品质量等各不相同；有些简单，有些复杂，依据厂家产量、质量要求而选择。本章讲述目前国内通用、成品质量好的一套紫檀大规格（1.0 以上）珠子的生产流程，包括选料、切片、盖印、拉花、打孔、车坯、打磨等工序。

第一节
选料

选料是生产珠子的重要一步。料的优次对产品的质量、成本影响很大。选料主要有两个方面，一是料质和纹理，二是料形和实心度。料质包括密度和油性，纹理包括底色、S 纹、金星、瘤疤、水波、豆瓣等内容。

紫檀原木，左边木料的密度、油性比右边的要好

紫檀毛孔细腻
的树头料

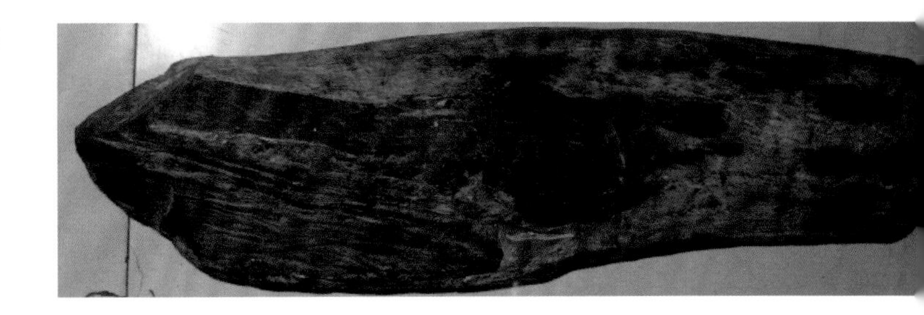

紫檀毛孔极稀
极细、荧光强

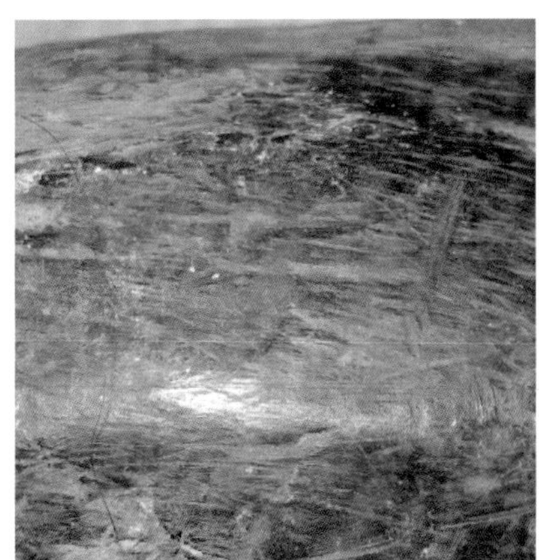

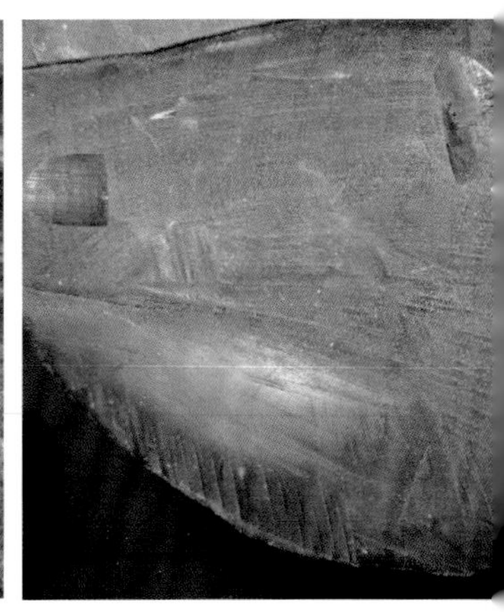

同倍放大镜下
可清晰看到左
边料质比右边
细腻

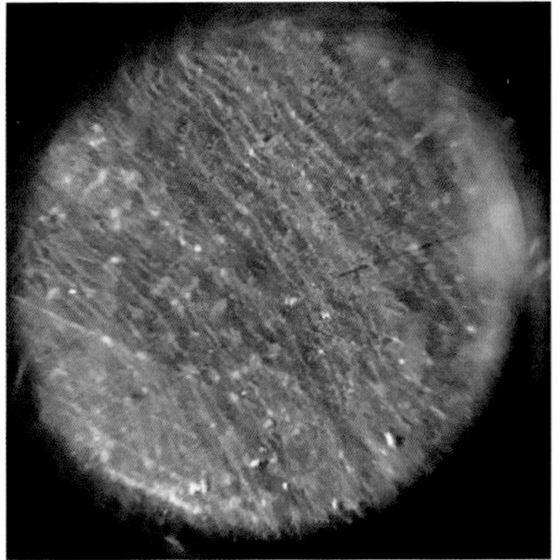

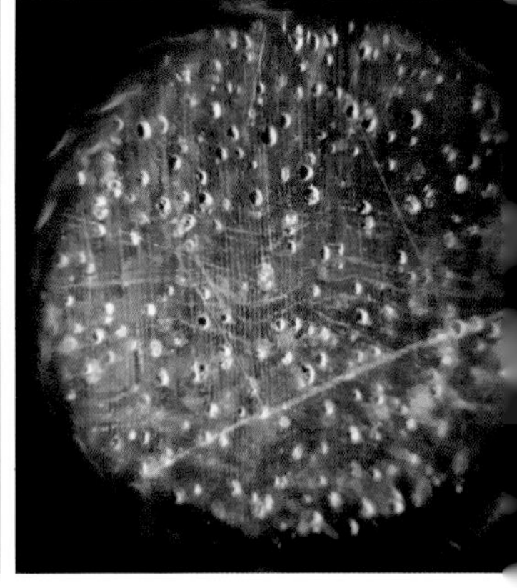

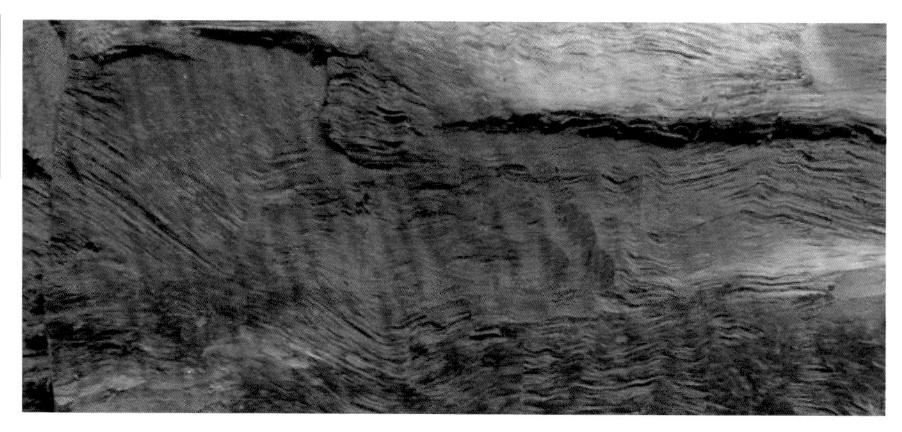

带S纹的紫檀原木

油性密度好的原料做出来的珠子同样油密高，S纹的料做出的珠子通常会带水波纹。还有金星料、瘿木料、鱼鳞料等，读者可以参考《紫檀收藏入门百科》一书，它主要就是讲述紫檀原木的纹理和料质。

原料的外形、空心情况、是否有裂都会影响珠子的出材率，早期因交通不便紫檀原料较少，厂家都用边角料做珠子；后来料慢慢多了，边角料满足不了用户同料顺纹的要求，厂家开始用完整的实心料做珠子，既满足了大家同料顺纹要求，出材率高成本反而降低了，品质又比原来好。但随着紫檀珠子厂家增多，普通紫檀珠子的数量急速增加，用户越来越多地追求金星、瘤疤、水波等个性化强的珠子；现在厂家又开始选择金星料、带瘤疤的树头烂料，虽然出材率低，但做出来的手串比普通珠子要高好几倍。

下面就选择一段满金星紫檀原木，来说明紫檀珠子（1.0以上）制作的流程。

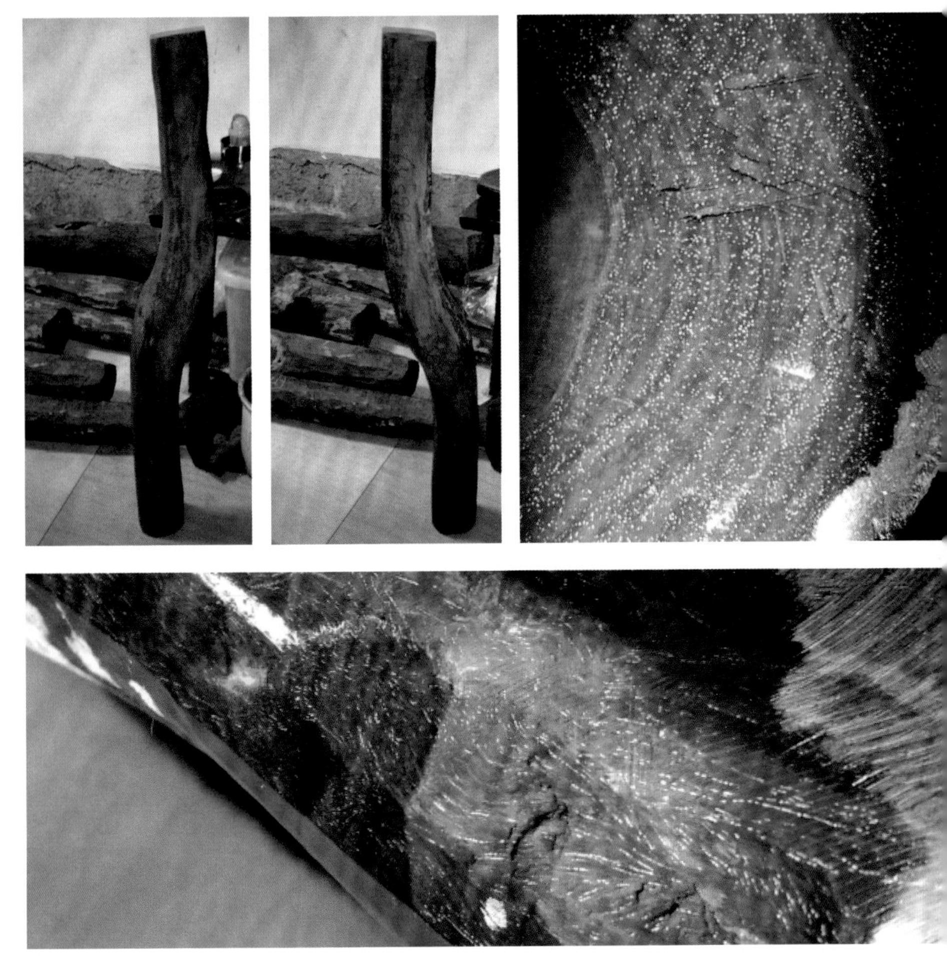

选择紫檀满金星原木

用砂轮磨去表皮，里面还是满金星

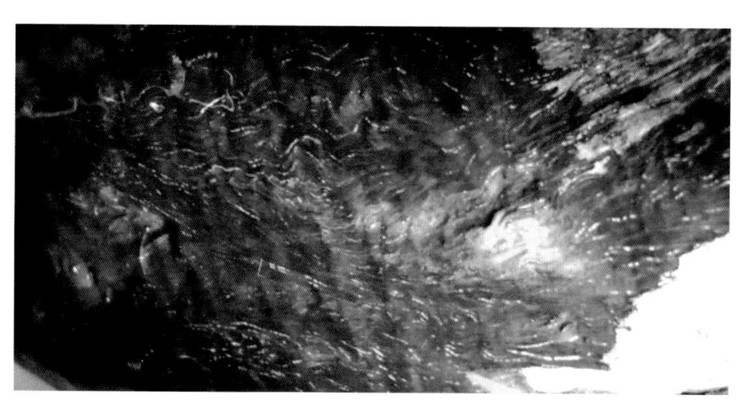

原木中带S金星

这段料，横切面和竖切面，金星都很满。头尾两端都是满星，从横切面看，边缘星更满，中心稍少；四周外表面多处洒上磨光水，显示金星都不少；找一小块磨去表皮，里面还是满星。料带S纹星，做出来的珠子应该有一部分有水波。料的尺寸为长105cm，下口径9.5cm，上口径7.5cm，因为长度和口径都不大，所以基本可以判断：料的上下、里外应该都是满星。整段料重8.56kg，底下有细微抽心现象，估计原木的中间有部分空心或抽心，将影响珠子的出材率。

第二节 切片

选好料后，接下来就是开料，也就是将木料按制作珠子的规格，横向切成一片一片。这里以制作 2.0 珠子为主开料。在珠子制作过程中，开料的时间不到整个制作过程的二百分之一，而且开料的龙门切机一台要十万元左右，所以做珠子的厂家一般不会买，而是拿到专门开料的工厂切片，按时间收费。这个过程是最让人激动的时候，如果料开出来里面没星或空心多，那就意味着选料失败，基本亏本。

先将原木锯成两段

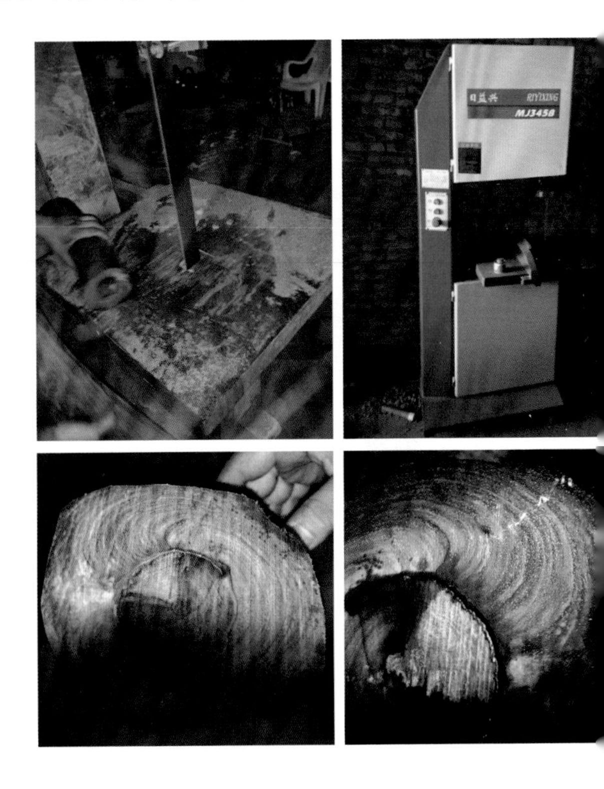

先将原本锯成 50cm 左右的一段，有两段。从中间锯开的横切面上看，原木中心有抽心，但没空；洒上磨光水，金星依然很满，开料基本成功。接下来就将这两段原木固定到龙门切机上，设定好切机的运行参数，考虑到水车、打磨等损耗，片的厚度一般要比珠子的规格厚 0.3cm 以上，这里考虑市场上珠子都稍有偏大（计划 2.07cm），按 2.10cm 的片厚切料，锯片厚 1.35mm，原木料的长度是 105cm，所以能出片 105÷（2.1+0.135）≈ 46.98 片，即 47 片。

将原木固定到龙门机上并设置切料参数

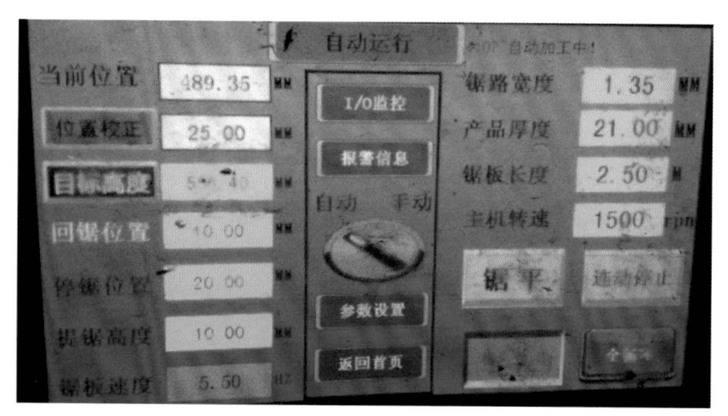

设置好参数后，启动机床，切机会自动从锯片的两头喷洒出冷却水。整个木料是在水中锯完，这样做主要是降低锯片温度，一是保护锯片；二是防止紫檀木料发热，造成原木水分和油性挥发，影响紫檀珠子质量。

将紫檀原木切成片

整个开料过程比较顺利，每片的金星与头尾一样多，有少部分抽心，极个别有裂纹、空心，共出 47 片；头尾两片尺寸不规则，实际能用 45 片，开料算是成功。

第三节 画线、盖印

切片完成后，尽量在一周内将原木做成珠子。因为原木在水中切片，水分增多。如果不接着制作，就要将它们用蛇皮袋装好放在阴暗处自然阴干，特别是夏天；不能放到风口上或太阳底下，以防木料急剧失水收缩开裂。

画线是用银色的油性笔把木片上的裂纹标出来，避免将裂纹做到珠子中，形成废品，浪费原材料。因为这两段木料只是抽心，基本没有裂纹，所以就不用画线。下面画线的图，是另一棵木料制作的示例。

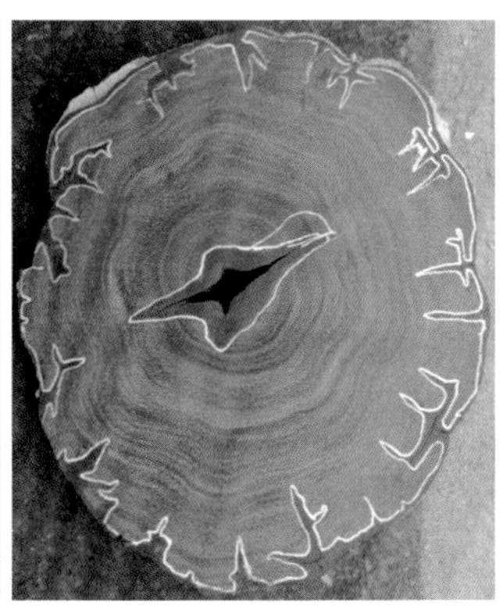

将原木切片裂纹处标上记号

画完裂缝后，就在原木片完整无裂的部位，用印章盖上不同规格的圆印。

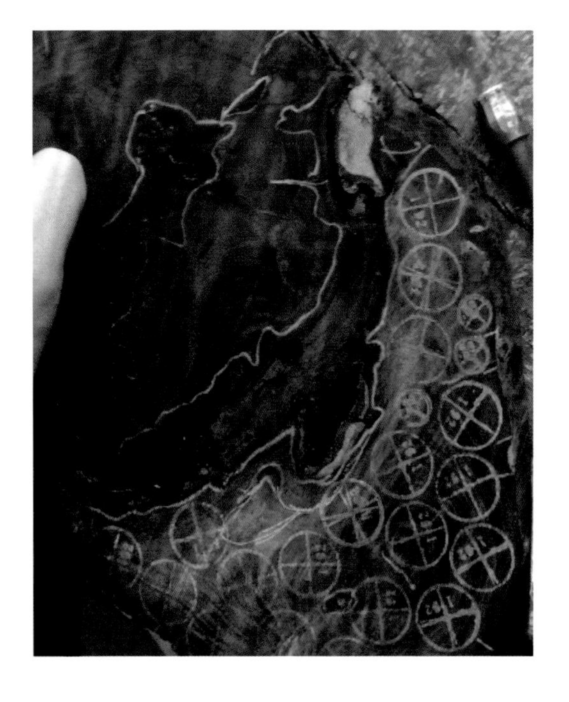

画裂纹并盖印

画线和盖印这两步工作很重要：没画好，珠子废品多；没盖好，出珠率低。考虑到拉花和打磨的损耗，印章规格要比珠子规格大，但太大费料，小了次品（不圆）又多，这里选择2.2、2.0和1.7规格的印章，分别用来盖2.0、1.8和1.5的珠子。

盖印时，要根据画线的形状，先选择盖2.0的珠子，盖不下再选择1.8的，最后盖1.5的。如果想做同料佛塔、葫芦，盖印时还得考虑在边角或裂缺的位置留下佛塔的木料。两个印之间要留下空隙，这要视拉花工人的经验和珠子质量的要求而定，强调珠子质量的就稍多留空隙，拉花师傅经验丰富的可以留小一点空隙。本例中裂少没有画线，留金星同料佛塔，不做葫芦，最小规格1.5。

在原木切片上盖印

第四节
拉花、打孔

拉花的过程就是按盖印标线，用线锯将盖好印的圆柱锯下来。这是个技术活，由于紫檀木质坚硬，操作不好容易折断线锯条，经验不足也容易出现次品。拉锯时线要在印的外边缘，如果两个圆印靠得很近，拉的时候更要小心。

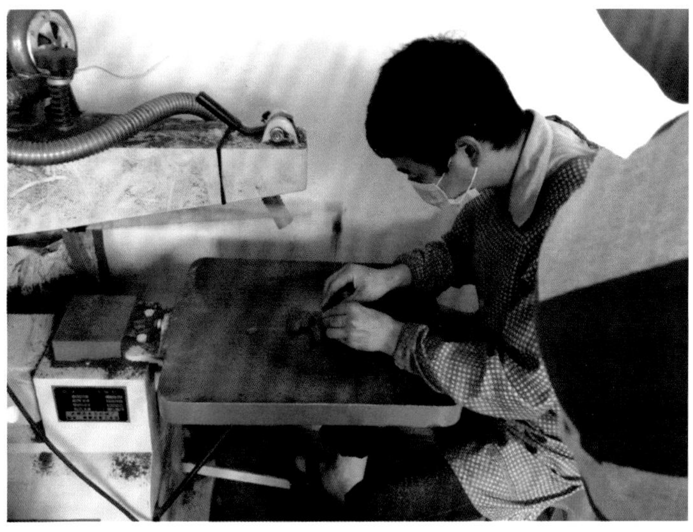

拉花

不同规格的柱坯

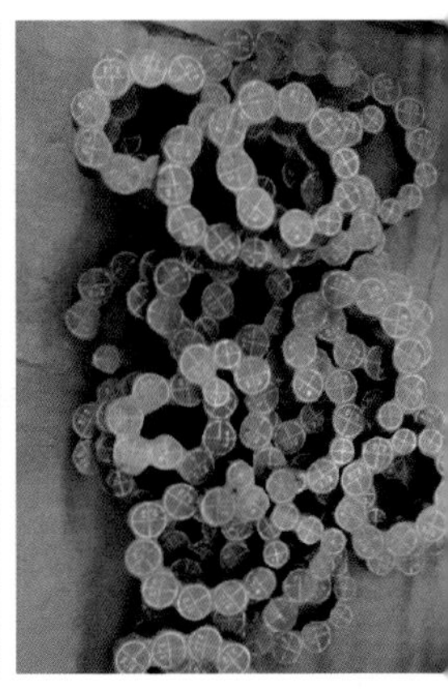

拉花完成后，就在圆柱两头的十字中间打孔，便于车坯时车机夹住柱坯。打孔的时候要两边打，一边打一半，不能一边打穿，否则容易打歪。

紫檀柱坯打孔

第五节 车坯

车坯是将圆柱形的木料车成圆球形毛坯，便于后续打磨。车坯有干车和水车两种，根据不同的木料选择不同的方法。原料价格便宜的木料，通常采用干车；原料价格昂贵的采用水车。干车是利用圆形多刃刀头高速切割柱坯成圆珠，它速度快，效率高，但珠子发热，油性、水分易挥发，成品出现开裂的概率更大。水车是利用凹槽砂轮转动打磨柱坯成圆珠，它在珠坯和砂轮上一直喷水，整个磨制过程在水中进行，保持了木料的水分和油性，成品的质量相对要好，但速率慢，效率不高。所以有些厂家在大批量制作紫檀珠子时，采用干车和水车相结合的方式。即先干车掉圆柱的棱角部分，制成较粗的圆坯，再用水车细磨制成圆珠，既保住了水分、油性，效率也比水车要高。但这样多了一道工艺，还要另外购买干车的设备。

新水车设备（左）及在用水车设备（右）

水车设备打磨的原理主要是通过机芯夹住柱形珠坯两头线孔，利用砂轮旋转不断打磨珠坯。

水车设备的机芯和砂轮

水车的第一步是按照珠坯的规格更换砂轮片，然后调节好机芯与砂轮的位置，再装上柱形珠坯，开机车珠，这时水管会自动喷水到珠坯和砂轮上。车成圆珠子后，要用卡尺测量一下毛珠的直径。如果直径符合要求，就可以继续车；如果不符合要求，就通过左边的微调调节直到合适。本例直径为 2.08cm。

放好柱坯试车

测量试车珠子的直径

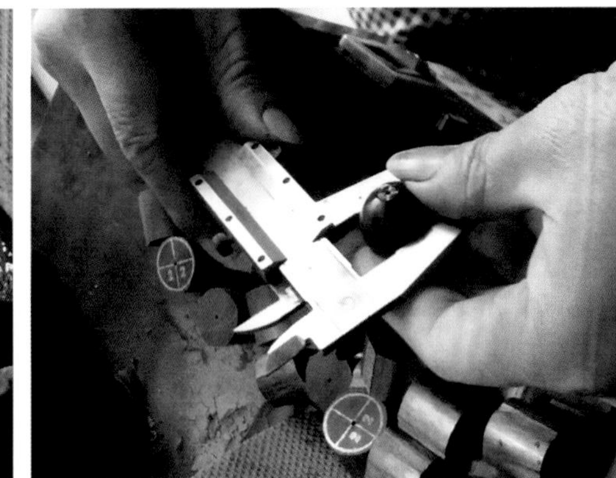

车珠过程

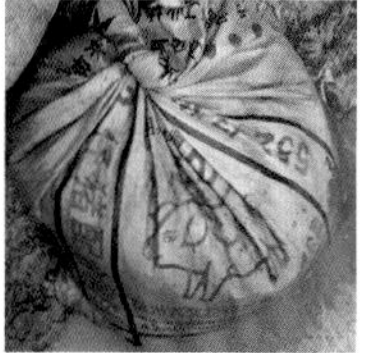

木粉

干车主要用于普通木头的珠子。干车容易发热，速度快时会产生大量的烟雾。以下为另一棵木料示例。

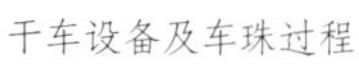
干车设备及车珠过程

干车过程发热产生烟雾

第六节
分拣、打磨

珠坯车完后要进行分拣，一是将有瑕疵的挑选出来，大的再车成小的，小的改做佛塔或葫芦；二是去除珠子两头比较大的蒂片；三是再检查一下金星是否饱满。然后就可以进行打磨程序。

水车过后的圆珠毛坯

挑选出有瑕疵的珠坯

金星依然饱满

打磨的设备很简单，只是一台电机夹上钢针，电机外做个木箱加个抽风机，罩在电机上。打磨时把珠子插到钢针上，用不同规格目数的砂纸进行打磨，由粗到细。这是制作珠子的最后一道工序，是非常重要的一步，也是个技术活。特别是像本例中满金星的珠子，更是要按特定的步骤操作，否则打磨后珠子很可能就会变得少星甚至没星。

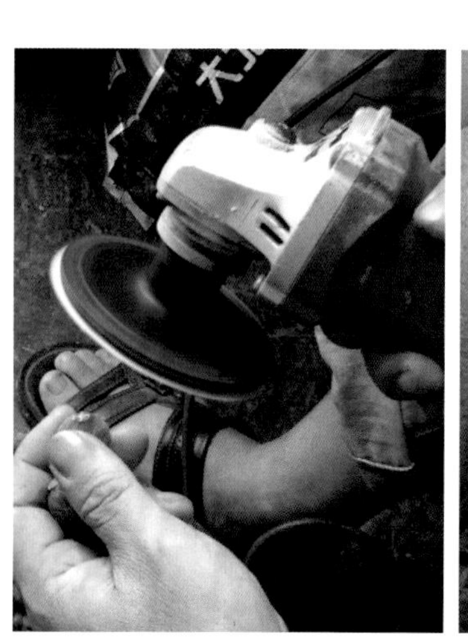

去蒂开始打磨

用砂纸条打磨珠子

本例中由于没有跟打磨师傅特别交代，两天后取货时，发现成品珠子大部分没星或少星，毛孔中基本全是紫檀粉或空的，一周的艰辛和兴奋顿时没了。原来打磨师傅的操作过程是这样的：将珠坯固定到钢针上后，先用 180 目砂纸打磨，接着用 240 目继续打磨；然后 320 目、600 目，最后上 1200 目。这样操作的结果，一是用 180 目砂纸太粗，打磨时容易把金星带出；二是对单颗珠连续打磨发热，星也容易带出。

打磨方法不对，珠子上没星

跟厂家商量，只好将这些珠子重新上水车，由 2.08cm 车到 2.04cm 左右，然后再重新打磨，这次请了两个师傅，按两种流程操作：第一个先上 320 目砂纸磨，磨完一颗就换下一颗，全部用 320 目砂纸磨完后，再一颗一颗磨 600 目，再整批磨 800 目，最后 1200 目。第二个是：先上 320 目砂纸磨，不换珠子接着用 600 目磨，再 800 目，最后 1200 目，同一颗珠子一次打磨完成。结果第一个师傅打磨出的珠子金星更明显。

按正确方法打磨的珠子金星明显

最后成品直径大部分为 2.02 ～ 2.03cm，共有全品 36 条，带瑕疵的 2 条。其中 2.0 规格的很满星有 10 条、金星有 16 条；1.8 规格的很满星 1 条、满星 2 条、多星 1 条；1.5 规格的很满星 2 条、满星 2 条、多星 2 条。整个珠子的制作就算完成，尽管出现差错，但纠正过来后，除珠子稍小外（还是比标准 2.0 稍大），其他都很成功。再做好同料佛塔、串线，就可以上市了。

有些厂家打磨后还会用布轮或麻袋进行抛光，这主要是看到客户的要求，喜欢自己盘玩，看着珠子发亮的，就磨到 600 ～ 800 目即可；如果讲究卖相或没时间盘玩的，就可以抛光到 2000 目以上。

第七节
制作佛塔

市场上有专门做佛塔的厂家，所以大多数珠子厂商自己不做佛塔，直接外购。但有些客户要求同料的佛塔，特别是金星珠子，很难找到相近的佛塔，这样就只能自己制作。

制作佛塔的料是从做珠子的边角料或有缺陷的珠坯中选择，打好孔，用台钻打出佛塔下面的凹窝，再将水车的砂轮换成专门磨制佛塔的砂轮，车出佛塔的外形，再用砂纸打磨即可。

从边角料和有缺陷的珠坯中选出佛塔料

在台钻上钻出佛塔凹窝

用水车车制佛塔

现在手串都追求个性化，在弟子珠的形状、外观上越来越多样化。除了传统的小珠子（规格 0.6 或 0.4）外，还有长柱珠、小葫芦、方排子等形式。这些都利用边角料或废品料制作，也有专门生产的厂家。

配饰用弟子珠和葫芦

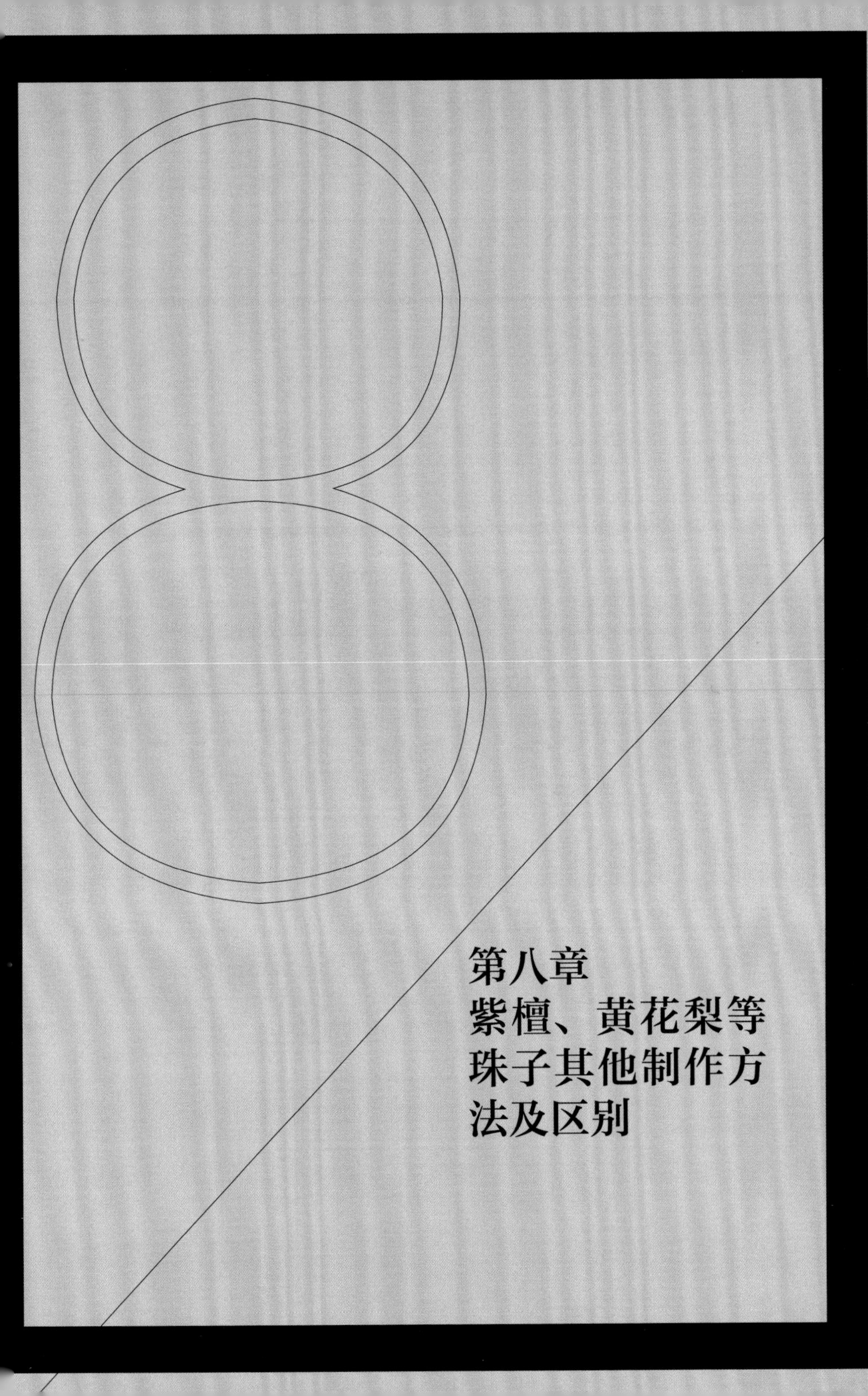

第八章 紫檀、黄花梨等珠子其他制作方法及区别

第七章讲述了紫檀1.0及以上规格珠子的生产方法，1.0以下以及黄花梨、崖柏等珠子的生产方法与它们有所不同，这主要是材质、产品质量要求等不同。

第一节 紫檀小规格珠子的生产流程

紫檀1.0以下珠子通常不会采用第七章所述的方法生产，主要原因：一是它们的原料多使用边角料，不像大珠子使用整料制作，没有大珠子的开料、画线、拉花等工序；二是小珠子通常是108颗，用作挂链、手链，对产品的质量要求不是很高，所以不需要像大珠子那样同料、手磨。

紫檀小珠子的生产流程主要有选料、切条、车条、压珠、打孔、机磨几个过程。主要选择家具剩下的边料，再到台式锯机上按规定的厚度和宽度切成长条形木条，然后通过专用设备车成长的圆柱条，再压切制作圆珠，人工打孔，统一机磨，有的最后再过一道机器抛光。

紫檀小珠子作选料切料

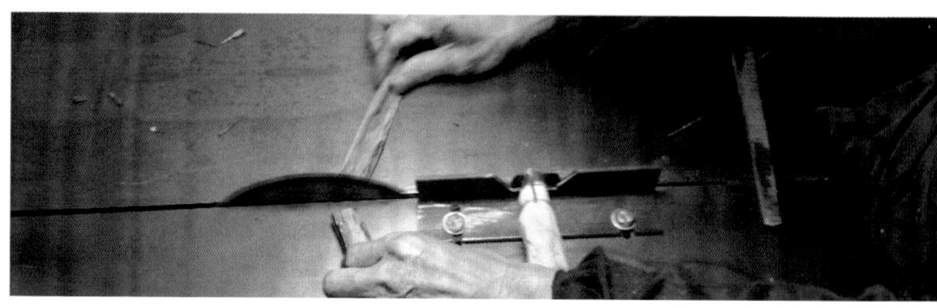

紫檀长条料切成圆柱料

紫檀长圆柱料压切成珠子

紫檀珠子打孔

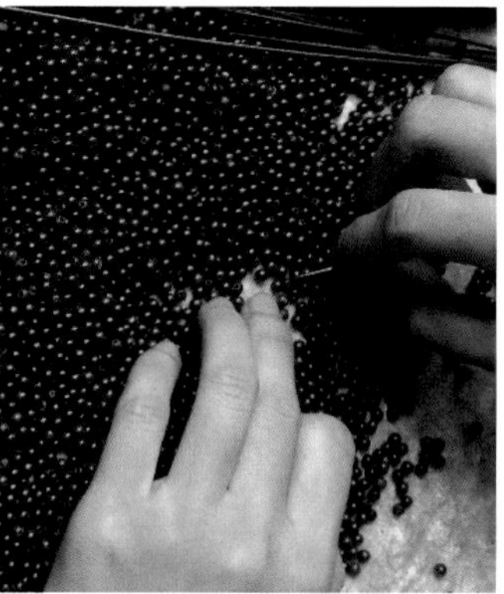

珠子打磨抛光串线

这样小珠子就生产完成了。工序没有大珠子要求高，大部分厂家不要求同料，打磨、抛光都是机器完成，相对手工的珠子美感要差。

第二节 黄花梨珠子的制作方法

与紫檀珠子生产不同，黄花梨珠子的制作更加讲究。工艺要求更高。它的步骤主要是选料、设计、盖印、拉花、打磨。黄花梨原料十分珍贵，海南黄花梨老料能做出珠子的实心料都在每斤六千元以上，特别是紫油梨料，好一点的要每斤万元以上，做出来的 2.0 的手串，也要每串万元以上。每颗在一千多元，因此根据料形设计制作方案特别重要，同样一块黄花梨木料，经验丰富的师傅可以做出三串，没经验的师傅可能两串都做不出来，产出相差万元。设计的关键在两步：一是根据料形和珠子规格切料；二是对切好的木料分析判断好后再盖印。下面通过两个黄花梨木料的制作示例来说明。

海黄紫油梨选料
切片和盖印

上图的海黄制作过程中，盖印最为关键。有的有白边，有的则面是斜形，有的中间有夹白皮，盖印时得考虑白边厚度。可以先用拉锯斜切白边观察厚度，斜口的位置要考虑圆珠的形状取料，印可以向外盖。本例共盖 35 颗 2.0 规格珠子。

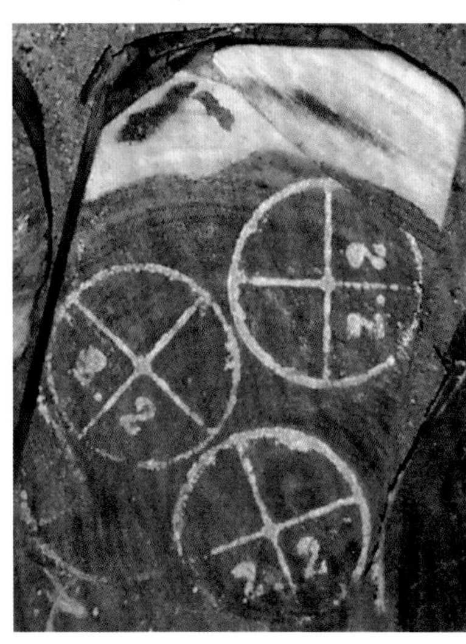

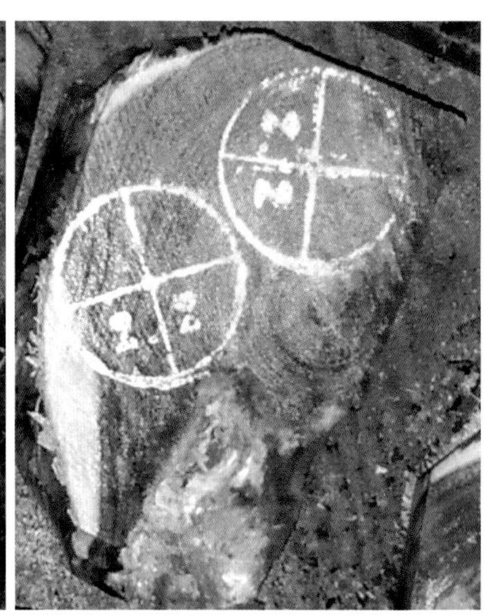

设计好珠子再盖印

上面左图中，左边有一颗圆有缺，但测量判断做出珠子来会完整；右图中有一颗有白边，但边是斜的，车制过程中可以去除。以下是一块越南黄花梨紫油梨木料制作一串 3.0 珠子和一串 1.5 珠子的方法。

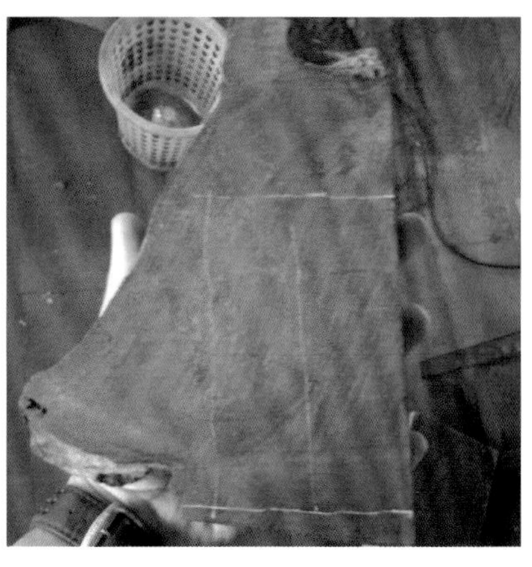

越南黄花梨紫油梨木料

对越南黄花梨木料进行规划设计

根据设计方案切料

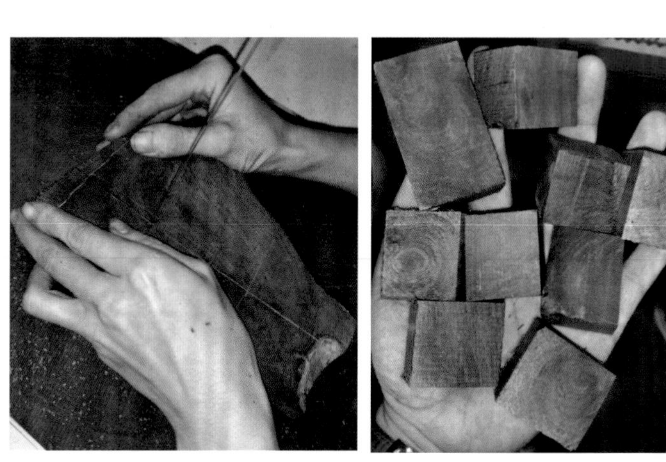

两个示例中，其他的拉花、打孔、车坯、打磨都与紫檀相同。

海黄3颗带虫眼，2颗带白边，1颗厚度不够

海南黄花梨 2.0 和越南黄花梨 3.0 珠子成品

第三节
崖柏珠子的生产方法

崖柏原料相对便宜，制作工艺要比紫檀、黄花梨简单，主要有选料、切片、切珠坯、打孔、打磨几个过程。选料、切片与紫檀一样，切珠坯是使用台式钻床，利用特制的钻头直接在片上切下圆柱坯，再打孔、打磨即成品。大多数价廉的木制珠子都是采用这个方法制作的。不用拉花，省时省力。

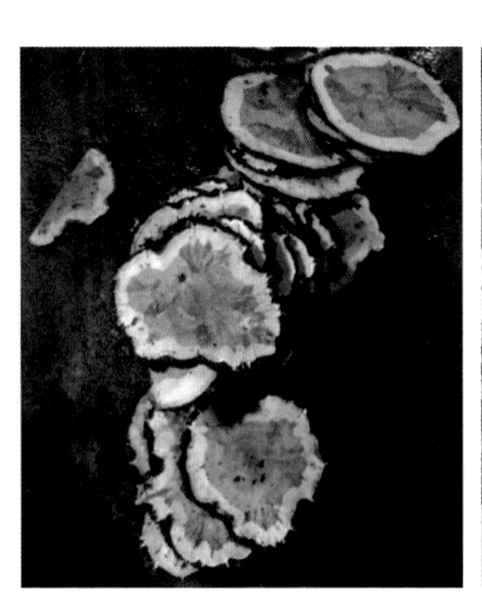
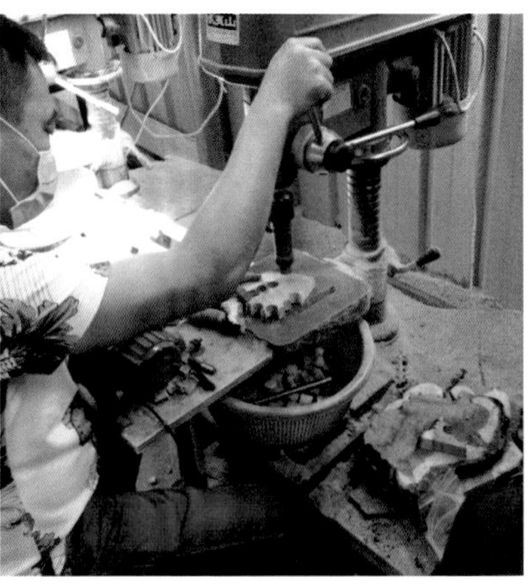
崖柏切片及切珠坯

崖柏切圆柱
坯及车坯

去崖柏蒂片
及打孔

崖柏珠子打
磨及成品

崖柏小珠子的制作，也是在台式钻床上，利用特制的钻头刀片，直接在片上切下小圆珠，再机器打磨即成品。多数普通小木珠都是这样制作的。

崖柏小珠子
直接切出圆
珠坯

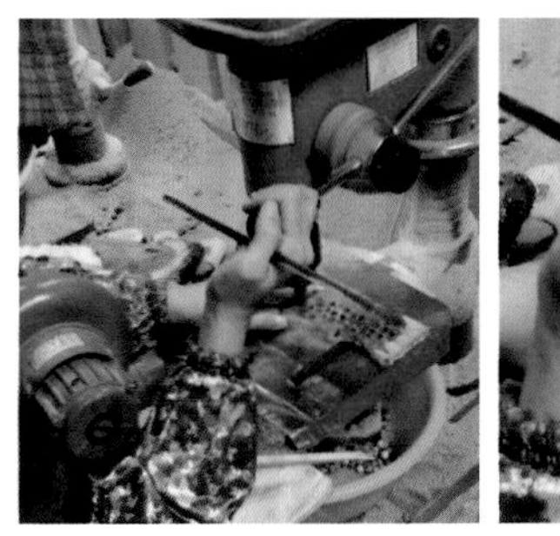

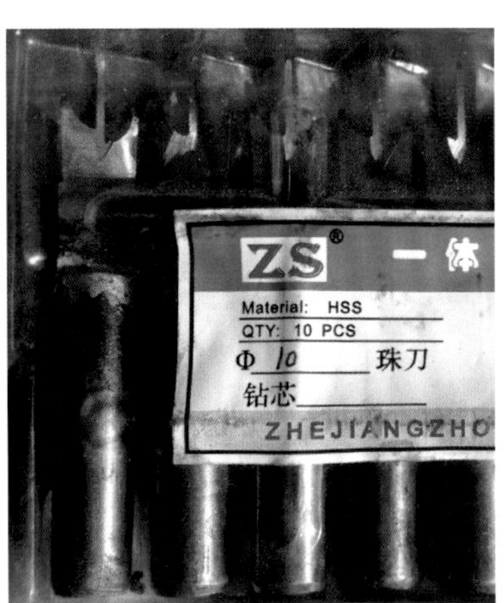

崖柏小珠子制作的珠刀及机磨设备

崖柏大小珠子的这种制作方法，方便快捷，制作成本低，对技术要求不高，因此有些紫檀珠子小厂家，也用这种方法来生产紫檀珠子，但成品品质相对稍差些。

第四节 紫檀珠子现场制作

现在市场上有很多现场现作的紫檀珠子，特别是文玩市场的地摊上，经常可以看到现场摆着制作珠子的设备和各种方条的木料，用户可以选择不同材质的木料直接现场制作，也可以加工用户带来的方条木料。这些设备比较简单一些，通常只能加工切好的方形木条，通过更换刀头来制作不同规格的珠子，一次成品，再放到打磨机中高速打磨。所有操作都是干制，在无水的情况下进行，制作速度快、工序少，但珠子的质量不如制珠厂家的水车产品。

现场制作紫檀珠子

现场的木条、刀头及打孔、打磨设备

除了上述现场制作设备外，市面上还有一些更加简单的设备。

现场制作珠子设备

现场制作珠子设备

现场制珠子的设备还有很多，但原理基本相同，制作方法都较简单。

第五节 印度珠坯的加工

印度小叶紫檀生长在印度南部，但印度对小叶紫檀的管控非常严，在印度市场上只有获得国家批准的企业及商场才能生产与销售。印度珠坯是指在印度私自非法加工的印度珠子半成品，国内紫檀珠子生产厂家再对其进行后续加工，形成成品再销售。玩家购买时应慎重。

印度珠坯半成品

这种印度珠坯通常瑕疵比较多，裂纹、缺块、坏死的情况都有，基本不是同料，珠孔大多数比国内同规格的大，所以成品又叫大孔珠。国内厂家再对它们进行挑选、上水车、打磨即可成成品，再将金星的、瘤疤的挑出，把颜色接近的串成一串进行销售。其价格是国内原料制作珠子的五分之三左右，购买时一定要注意检查。

印度珠坯加工的1.8瘤疤珠子

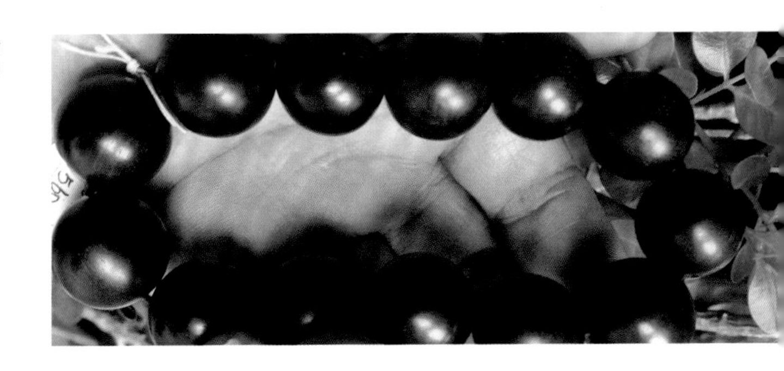

这种经过加工印度珠坯做出的珠子叫印度珠，因其线孔大，又叫大孔珠。印度珠除了国内加工的外，还有在印度官方授权厂商直接生产的珠子，也叫印度珠。很多去过印度旅游的朋友购买过，在印度国营店买的有一张小叶紫檀的付款清单（Tax invoice-cash 3-snadalwood），标有数量、价格、商店联系电话等内容。

印度生产的紫檀佛珠（购于班加罗尔）

CAUVERY

Karnataka State Arts & Crafts Emporium
49, Mahatma Gandhi Road, Bangalore - 560 001
(Unit of Karnataka State Handicrafts Devp. Corp. Ltd.,
A Government of Karnataka Enterprises)

Grams : HANDICRAFTS
Phone : 91-80-2558 1118
Fax : 91-80-2532 5491
website : www.cauverycrafts.com
www.cauveryhandicrafts.net

TAX INVOICE - CASH
03-SANDAL WOOD

TIN NO : 29520068675
CST NO : 08551697 [06/00/00]

Invoice No : 20150017378
Name & Address :

Date : 20-10-2015 14:58:04 Hrs

S.No	Material	Description	Qty	Rate	Value	Discount	VAT	Amount
1	8907043089844 100451	E19 RC BRACELET 20MM	2.000	585.00	1170.00	117.00 10.00%	57.91 5.5%	1110.91
2	8907043089301 100451	S309 RC BRACELET 18MM	1.000	488.00	488.00	48.80 10.00%	24.16 5.5%	463.36
							Packing / Gift Charge	0.00
							Total Amount	1574.00

Rupees One Thousand Five Hundred Seventy Four Only

1574.00

Billed By
NARASAMMA.B.V

Manager / DGM

P.S.:
1.Goods once sold cannot be taken back or exchanged.

印度国营商场紫檀购货清单

印度本土紫檀珠子大部分有以下几个特点：一是弟子珠的线与串珠的线不是同一根线，常常大小颜色都不一样；二是珠子的线孔比我国珠子的线孔大；三是一串珠子中大部分不正圆，基本是椭圆，有的像红枣形状；四是修补的比较多。因此其整体质量比我国的差，这主要是印度珠子加工水平和设备比我国要落后一些。

印度珠线孔更大，主线和弟子珠的线也不是同一根

印度珠修补的比较多且工艺较差

但并不是所有在印度购买的紫檀珠子都很差，有些特殊经销商的产品反而质量不错，接近我国生产的珠子，而且也是小孔。

第六节 珠子胶磨的生产工艺

小叶紫檀整体密度、油性和稳定性都比较好，生产过程中不用胶磨，但紫檀柳稳定性差，容易开裂，所以要用胶磨保护。而黄花梨稳定性最好，但密度、油性和毛孔不同个体相差很大，在制作的过程中，师傅会根据实际情况确定是否用胶磨。

胶磨工艺在很多家具生产过程中都会使用，包括红木家具的生产也是如此，只是胶的浓度、打磨方法各有不同。对于珠子来说，是在手上盘玩拨数所用，所以尽量少用胶磨，但有时为了看相和保护不开

裂也在所难免。

下面以黄花梨为例，说明胶磨工艺的过程。

黄花梨胶磨过的珠子及所用胶水

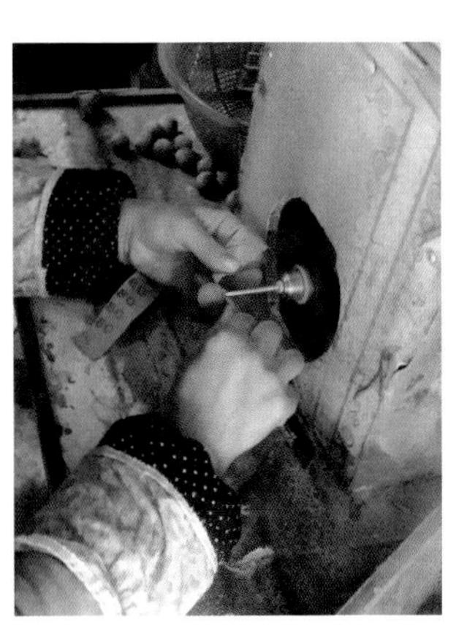

先直接粗磨珠子再准备上胶

上胶珠子的
半个面打磨

胶磨珠子的
另半面

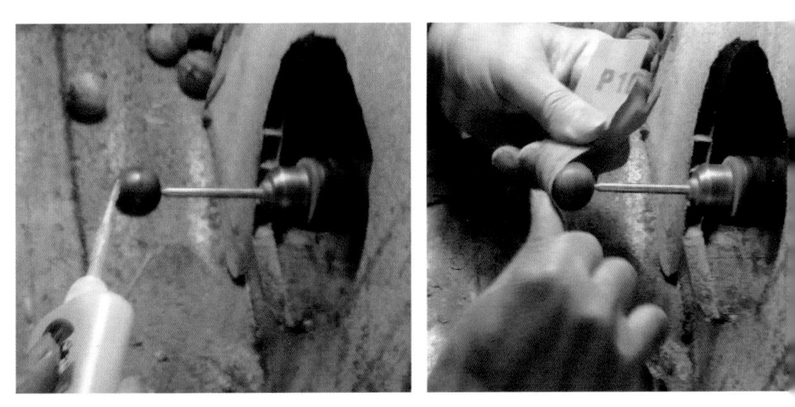

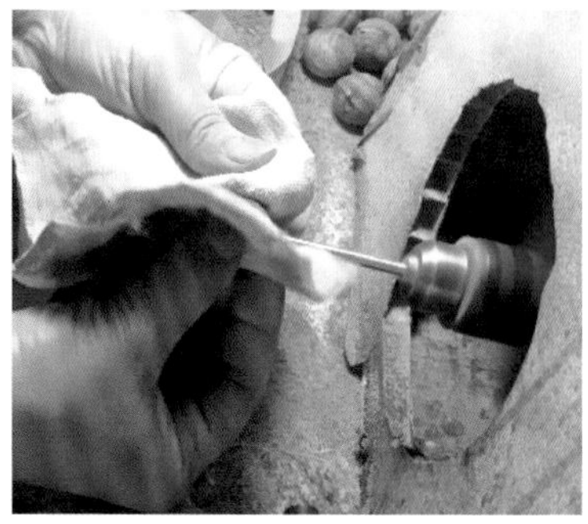

胶磨完成后再用布磨一下抛光

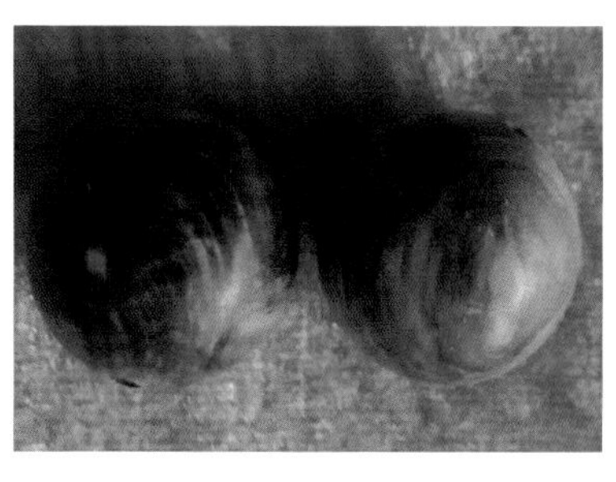

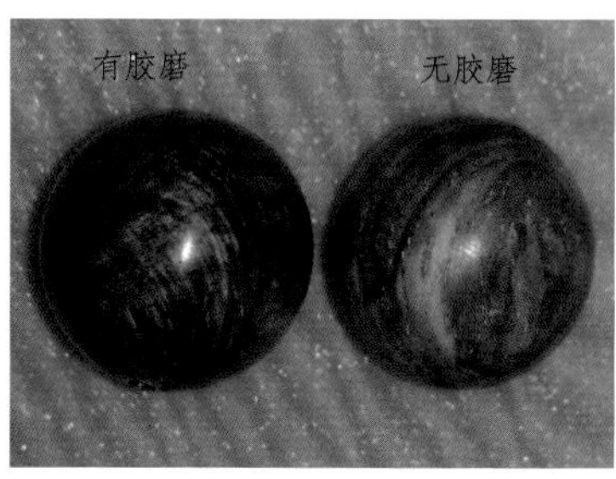

同料胶磨和非胶磨的珠子比较

从图片中可以看到，胶磨后几乎看不到毛孔，水波明显；没胶磨的可看到毛孔，水波也不明显。

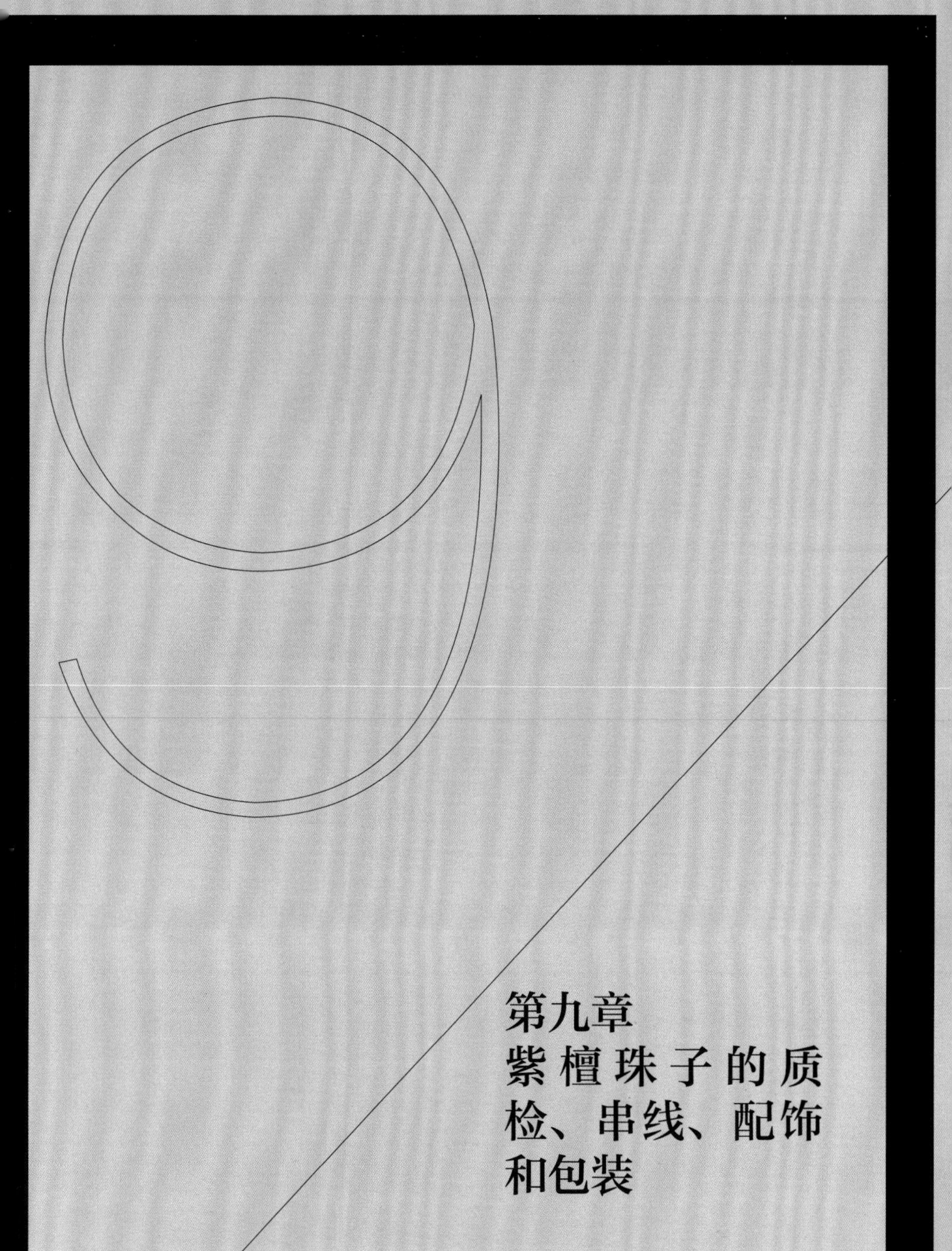

第九章
紫檀珠子的质检、串线、配饰和包装

第一节 紫檀珠子质量检测

珠子生产完成后要进行质量检查，才能串线包装出售。质检的工作是把有瑕疵的珠子挑选出来，瑕疵包括裂、缺、蒂线、白边等。能修补的则修补后另外单独串串，作为 B 货（有瑕疵的）出售；不能修补的则再车小号规格珠子。质检过程一般由串线工人完成。

沿着珠子线孔的裂纹

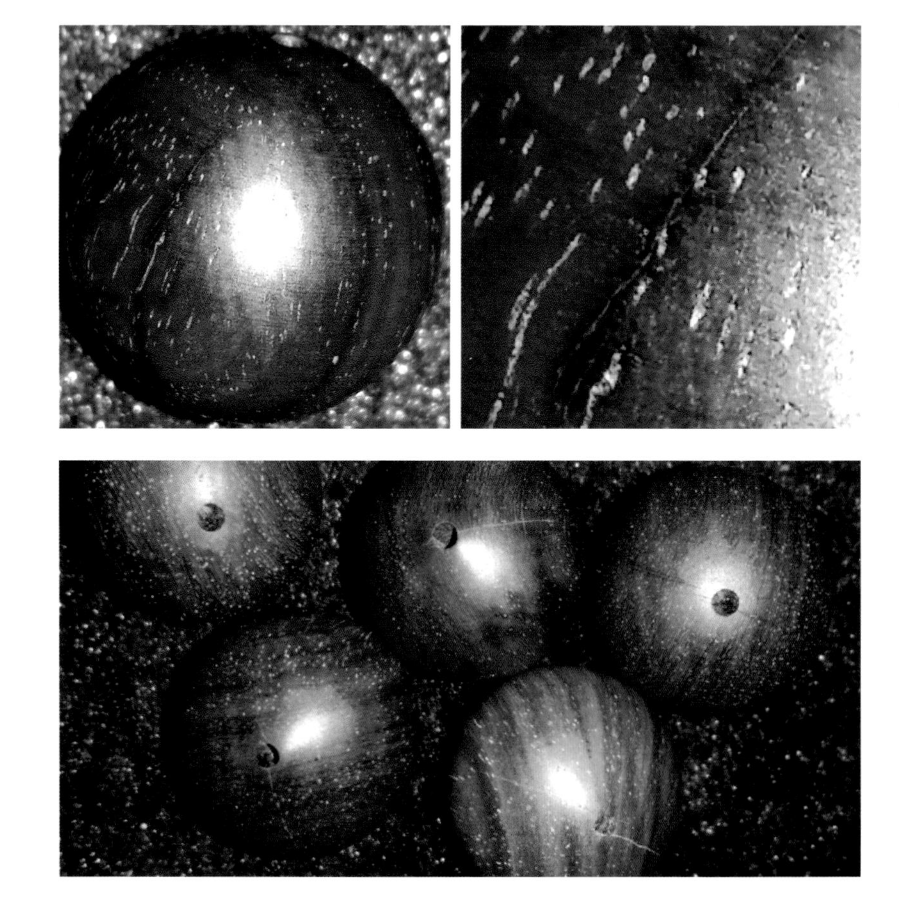

老料珠子上的裂纹是老裂，生产过程中画线阶段没有避开，是老料材质本身的裂纹；沿着珠子线孔的裂纹是在制作过程，水车过后，天气干燥，没有及时打磨，水分发挥过快，孔内及孔外表面收缩，造成裂纹从孔比较薄的边沿开始向珠子中间延伸。这样的珠子要挑出来作为次品处理。有些不法商家把有裂纹的地方抹上红木油，再串到手串中，这些裂纹在油没干之前很难发现。

珠子外表面的残缺

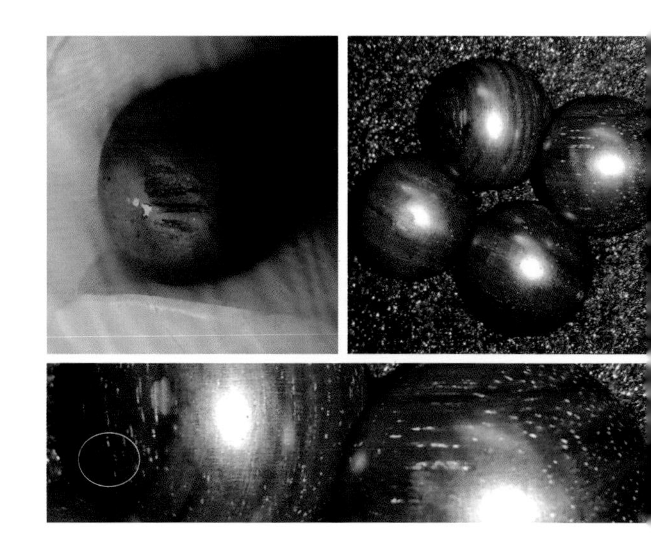

珠子线孔的残缺

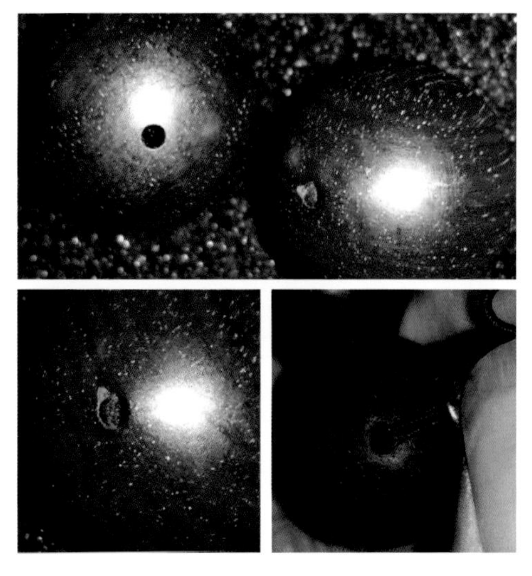

珠子外表面的残缺是生产过程中拉花时，线锯拉到盖印线的里面，水车及打磨时都没有磨到，或者木料本身在该位置有残缺。这种缺陷可以用两种方法处理：一是如果残缺在珠子表面的中间部位，缺面直径在 3mm 以内，则可以用来做三通，刚好在位置打三通佛塔孔；二是可以用砂纸轻轻打磨，与旁边部位拉圆，作为 B 货销售。如果残缺比较大就要粉补。

珠子线孔的残缺有两种，一是普通线孔残缺，二是三通线孔残缺。三通线孔盖在佛塔的下面，不容易发现。这样的残缺只能做次品处理，重新制作成小规格珠子。因为有线串在孔中，即使粉补了，搓珠子时也容易掉。

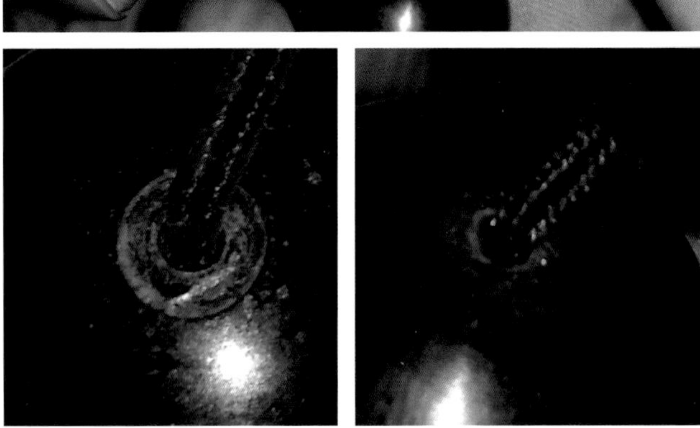

珠子线孔上的蒂线

蒂线是车珠子时机芯没有夹住坯造成的缺陷，这种缺陷的珠子只能按次品处理，重新制作更小的珠子。

带白边的珠子

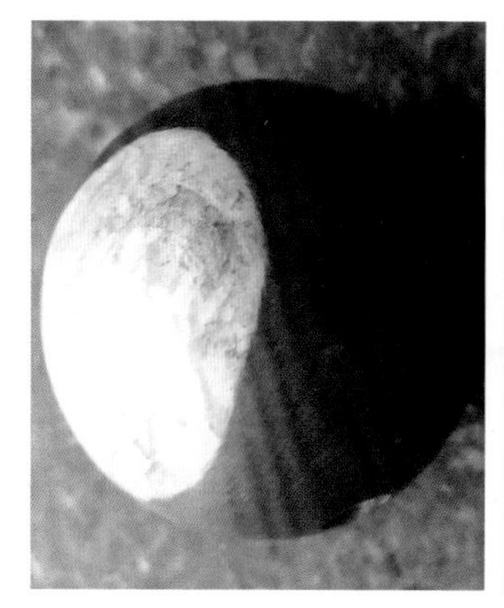

带白边的珠子只能按 B 货销售。但也可以特意制作每颗同位置带白边的手串。

第二节 紫檀珠子串线

紫檀珠子质检完成后就要串线，将珠子串成手串、手链或边挂。串线有以下几步：做三通、选线和钩针、串珠、串三通和佛塔、打结。

做三通：串珠之前要将质检出来做三通的珠子打 T 形孔。1.5 及以上的珠子要串双线，主珠的孔径是 0.15cm 或 0.16cm，做三通时，孔要打 0.20cm 或 0.22cm，因为三通孔内串线时要走四根线，孔径小了不好串线，所以三通珠子原来 0.16cm 的直孔要用 0.22cm 的钻头扩大，再钻 T 形孔。

制作三通珠子

三通孔径比普通珠子大

选线和钩针：串珠子用的线有1.0mm、1.5mm等不同规格线，1.5cm以下的珠子是单线，可以选择1.0mm及以上的线；1.5及以上的珠子是双线，所以选1.0mm的线，粗了串不进。串主珠时用长钩针，串三通时通常用短钩针。如果三通的线粗了串不过，还要用细铁丝带线。

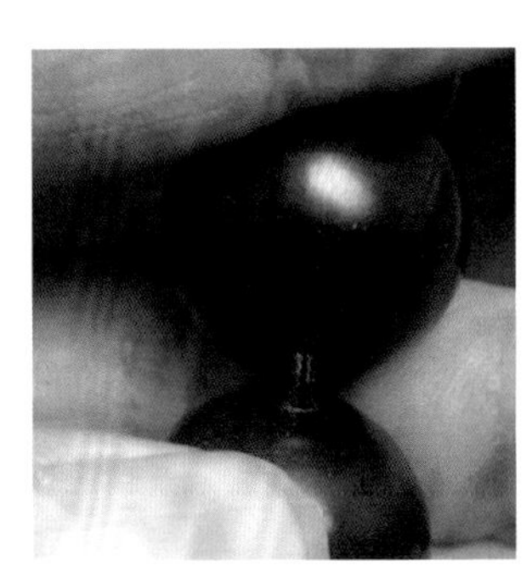

大珠子双线，小珠子单线

选择串珠子的线

选择串珠子的
钩针和铁丝

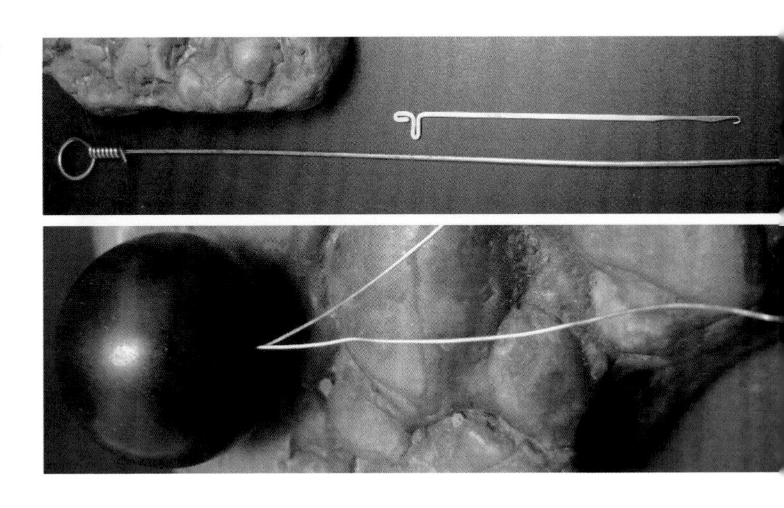

串珠：串珠是先将珠子串到钩针上，再钩上线，把珠子滑到线上。

用钩针串珠子

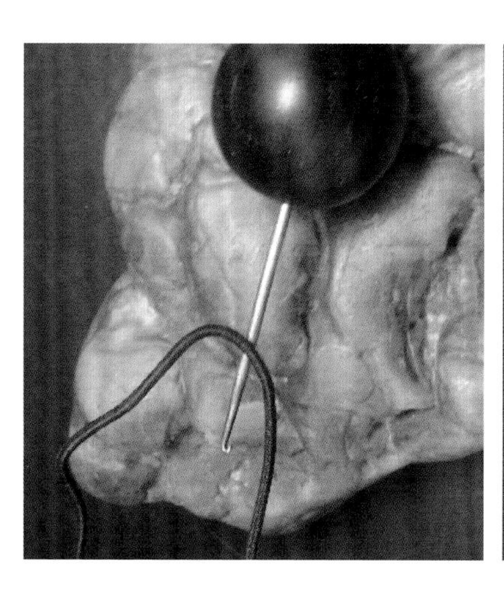

串好除三通外的珠子

串三通和佛塔：三通通常用短钩针，先串散线的一头（有两个线头），用钩针钩到佛塔孔中；再串连线的一头（没有线头），用钩针也钩到佛塔孔中；再把散线串入连线内，拉两头线，使连线塞入三通孔内，再串佛塔。

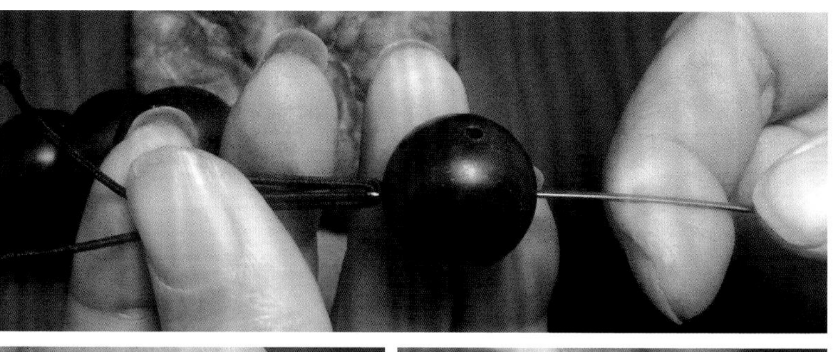

串散线的一头

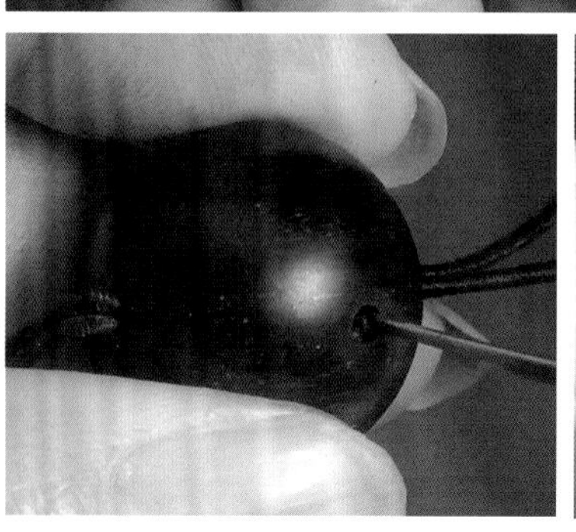

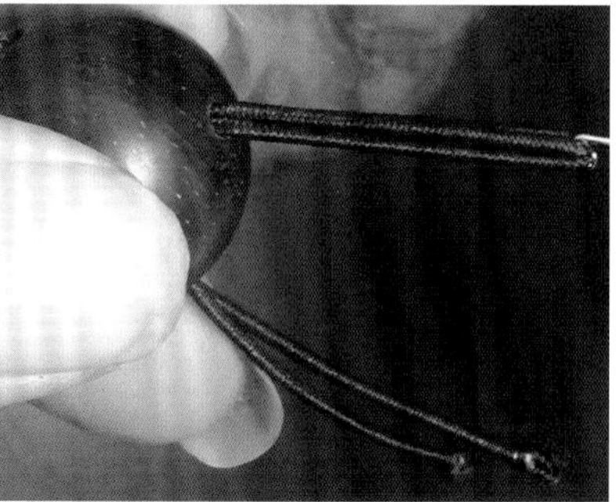

串线的一头

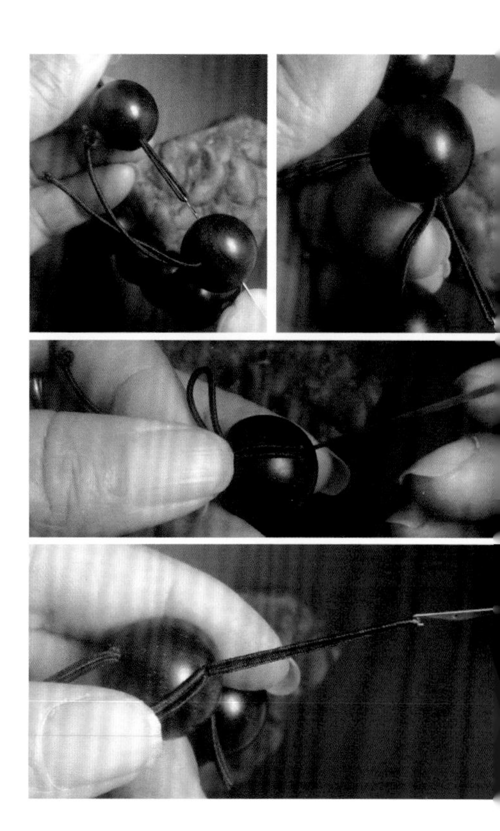

散线与连线的处理

串佛塔

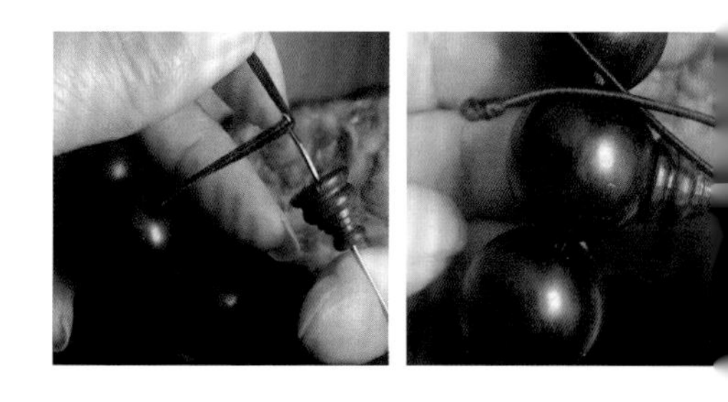

最后是打结，打结的方法有很多种，读者可以参考专门的书籍。

打结与串弟子珠

第三节
隔珠、弟子珠和配饰挂件

紫檀珠子除珠子、三通和佛塔外，常常还会配饰一些葫芦、小珠子及长条柱之类的配饰，以增加整串珠子的美感。

紫檀配弟子珠葫芦（左）和方块长柱(右)

紫檀配弟子珠（左）和葫芦（右）

小号弟子珠、葫芦、条珠和方块是最常用的紫檀手串和挂链配饰，也有用同规格珠子及其他异形珠子做配饰的。

紫檀配同规格珠子（左）及异形珠子（右）

紫檀手串和挂链除用各种弟子珠和挂件做配饰外，还经常会在珠子之间串入其他规格的紫檀珠子，我们称之为隔珠。这些隔珠要么是与主珠形状不同，要么是与主珠大小不一，将两颗主珠分开来，使整串珠子的主珠清晰明了，淋漓尽致地展现主珠的个性。

紫檀配同规格珠子（左）及异形珠子（右）

紫檀雕刻珠配隔珠和紫檀挂链配隔珠

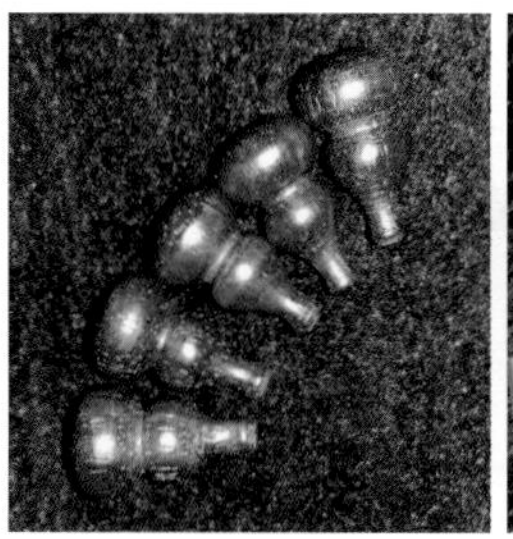

紫檀手串挂链用的葫芦和吊坠

紫檀貔貅、甲虫和头骨三通

紫檀佛手三通和头骨三通手串

第四节
紫檀珠子与其他珠子、珠宝相配饰

紫檀手串和挂链常与其他木珠、珠宝、贵重金属相配饰，一来增加整个手串和挂链的美感，二来提高手串和挂链的价值。

紫檀挂链与黄花梨及银饰搭配

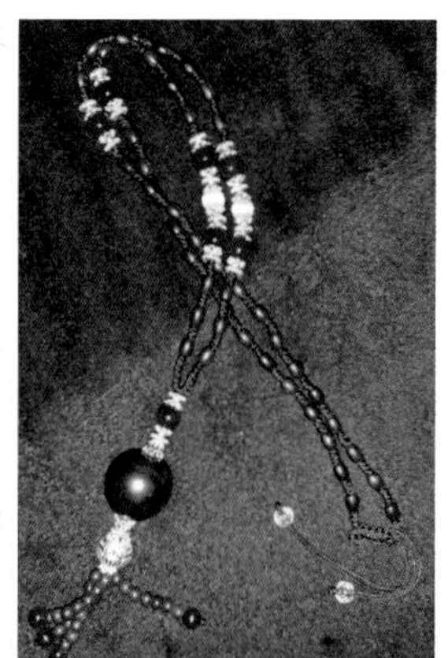

紫檀挂链与玛瑙搭配

紫檀与不同材质珠子搭配

紫檀珠子与蜜蜡和砗磲搭配

紫檀与青金石和密蜡搭配

紫檀与金属和绿松石搭配

第五节
紫檀珠子的包装

紫檀珠子在出售之前要进行包装，包装的材料包括：包装盒、手套、使用手册、质量保证书、合格证等。其中包装盒有纸质、木质、有机塑料等材质，要求尽量简单、环保。有些布质的盒子，使用大量胶水粘制，打开盒盖时可以明显地闻到一股刺鼻的气味。木质盒子易串味，也不宜使用。

紫檀 1.5 珠子纸质包装盒

紫檀 2.0 珠子纸质包装盒

紫檀珠子纸质包装盒和布艺包装盒

紫檀珠子包装盒内部结构

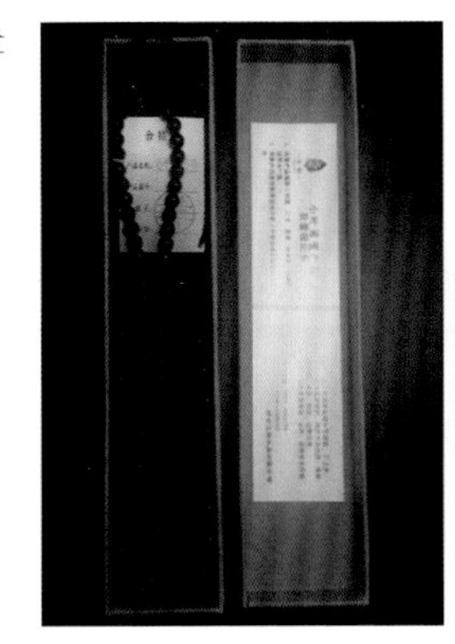

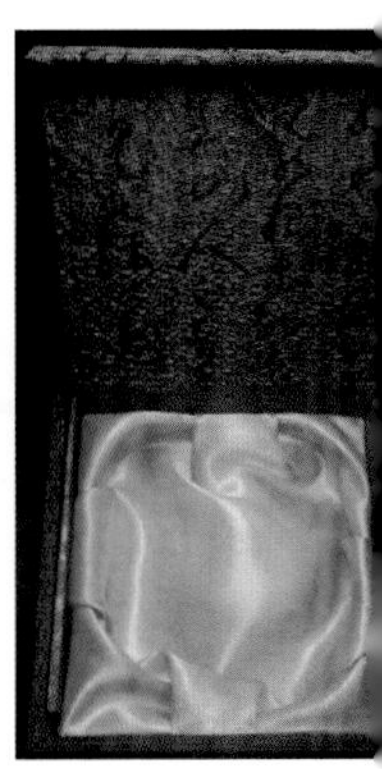

紫檀 2.0 珠子塑料包装盒

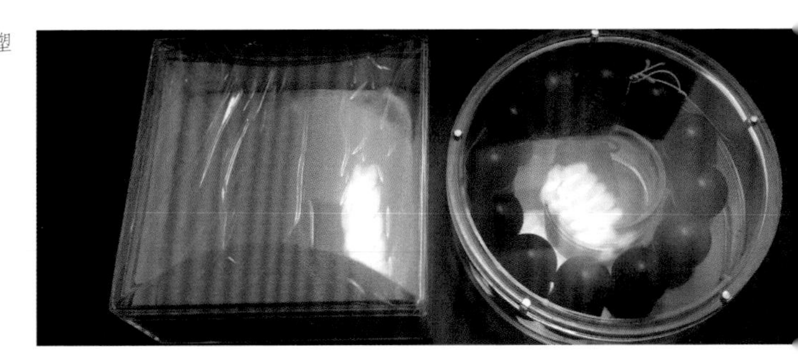

紫檀珠子外包装袋

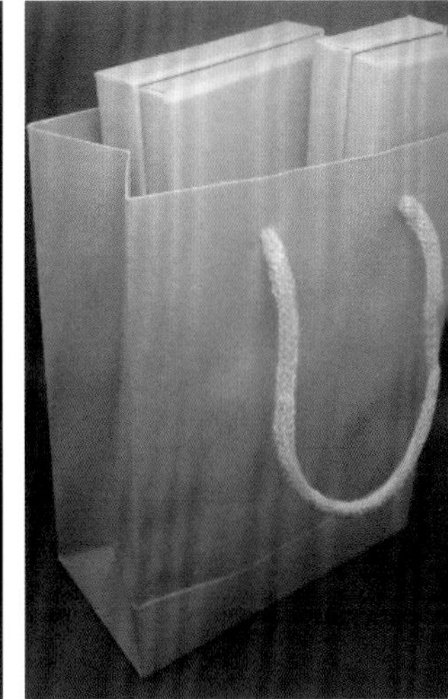

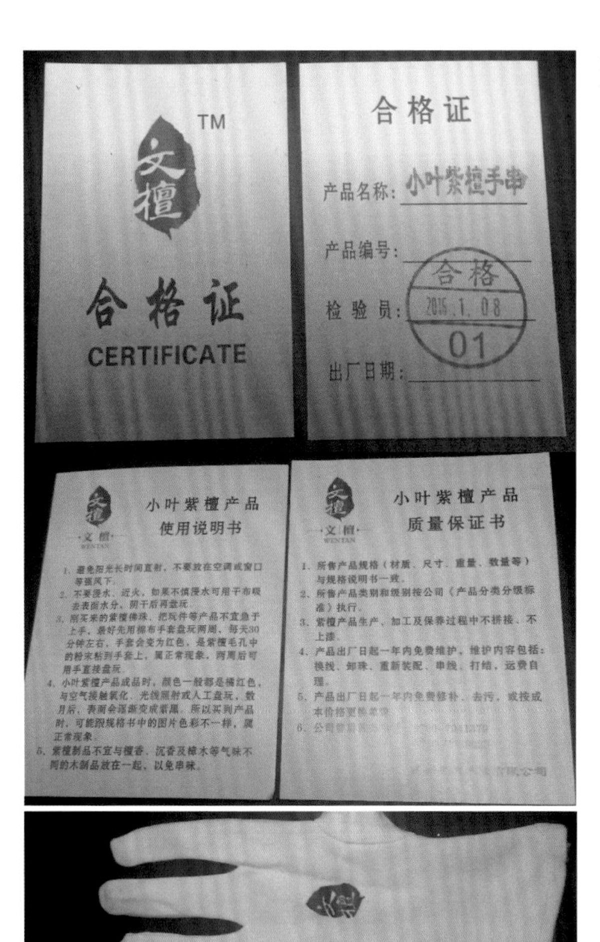

紫檀珠子合格证、质量保证书、使用说明书和手套

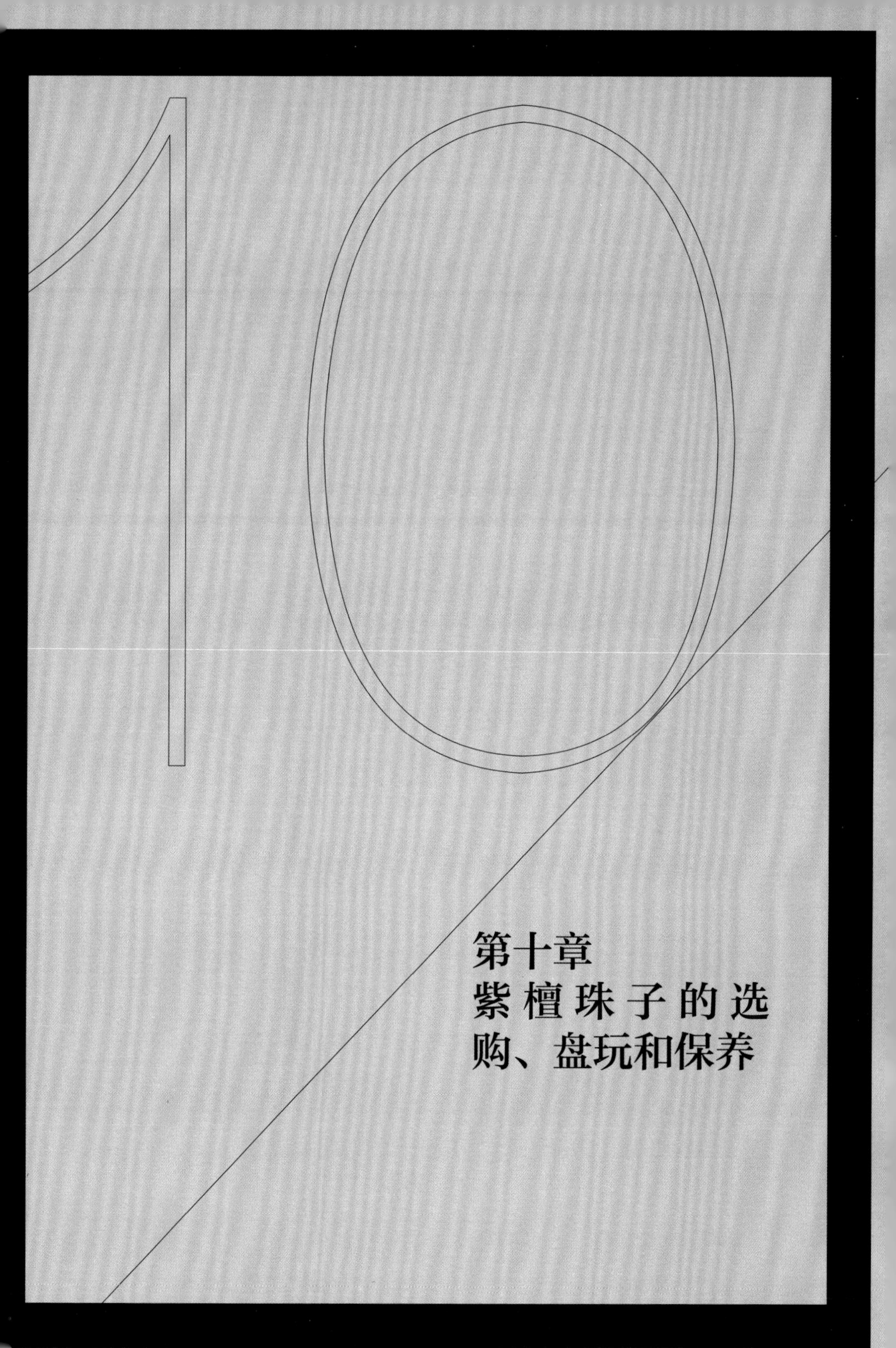

第十章 紫檀珠子的选购、盘玩和保养

第一节 紫檀珠子的选购

紫檀珠子的选购主要根据三个方面：一是外形和规格，二是用处，三是等级。

外形和规格：在第二章中已经列出了大部分珠子的外形和规格，玩家可以根据自己的喜好选择合适的形状和规格，也可以搭配一些其他珠宝、金属类珠子，增加整串珠子的个性。

用处：玩家购买珠子是用于佩戴、把玩、收藏、投资，还是几者都有？佩戴主要是看整串的形状的搭配及买家的个性。把玩的尽量选料质优良的，把玩后会出现诱人的效果。收藏的必须是稀有的。投资的要选规整、没有瑕疵且有升值空间的。

等级：紫檀珠子的生产、质检、分级都还没有国家标准，也没有行业标准，市场上有些企业标有自己的分级标准，表明珠子的等级，便于定价和用户购买。通常把紫檀珠子分为普通、高油密、水波纹、金星和瘿子几类。等量纹理情况下，级别逐渐升高。其实这还得看个人喜好，每个类别里都有好的、次的，比如牛角紫檀，几乎无毛孔，一旦形成包浆后，珠子从里到外透着柔顺的荧光，这和满金星的珠子有着同样的美感。

这里提出一个简单的 543 分类分级方法，玩家购买时可以参照。

543分类分级是将紫檀珠子分为5类、4级、3品。5类为：普通珠子、水波珠子、金星珠子、瘿子珠子及特质珠子 5 类；每类根据料质或纹理的优劣又分为 4 个级别：无 +、+、++、+++，或用 0、1、2、3 表示。同一类别 + 越多说明品质越好，不同类别的不同级别不进行比较，根据用户的喜好购买。每类除分 4 个级外，还分 A、B、C 3 种品相，A 品表示全串全品相，无补、无裂、无白皮；B 品表示全串有 3 处或 3 处以下粉补或裂纹或凹缺等问题；C 货表示至少 1 处或 1 处以上有白皮，或者有 3 处（不含 3 处）以上粉补或裂纹或凹缺等问题。

这样排列组合一下就有 5×4×3 = 60 种，而 A 品，即全品相的为 20 种，表示方法为：普通 0A ～普通 3A；水波 0A ～水波 3A；金星 0A ～金星 3A；瘿子 0A ～瘿子 3A；特质 0A ～特质 3A。以下列出紫檀 2.0 佛珠不同级别划分标准，仅供参考：

级别	普通佛珠	水波佛珠	金星佛珠
无 +	粗直纹或密度差	每颗珠子上水波的条数≥ 1 个	每颗珠子上含有金星的牛毛纹或牛毛孔数量≥ 5 处（带星）
+	S 纹或高油密	每颗珠子上水波的条数≥ 3 个	每颗珠子含有金星的牛毛纹或牛毛孔数量≥ 15 处（多星）
++	S 纹加高油密	每颗珠子上水波的条数≥ 5 个	每颗珠子含有金星的牛毛纹或牛毛孔数量≥ 30 处（满星）
+++	豆瓣纹或旋涡纹	每颗珠子上水波的条数≥ 7 个	每颗珠子含有金星的牛毛纹或牛毛孔数量≥ 45 处（爆星）

级别	瘿木佛珠	特质佛珠
无 +	每颗珠子上瘿子的数量≥ 1 个	每颗珠子都是水波加金星
+	每颗珠子上瘿子的数量≥ 3 个	每颗珠子都是 S 纹加金星
++	每颗珠子上瘿子的数量≥ 5 个	每颗珠子都是瘿子加金星
+++	每颗珠子上瘿子的数量≥ 7 个	每颗珠子都是旋涡纹加金星

大多数厂家都不会标得这么详细，这要花费很多时间和人工，无形中会增加珠子的成本。现在紫檀珠子的市场竞争激烈，本身利润已经微薄，所以，市场上基本都只是分出水波、金星、瘿子及螺旋星之类，再告诉购买者是多星、满星、爆星，或满瘿、爆满瘿之类，不会去数每颗上特性的数量，否则珠子的价格将上升不少。

一般厂家都仔细筛选出有瑕疵的珠子，但有时也会遗漏，玩家购买时还是自己查检一下是 A 品、B 品或 C 品比较好。检查的内容与第九章第一节“紫檀珠子质量检测”中的“裂纹、残缺、蒂线”差不多，只是还要注意以下几点。

粉补：用胶水将紫檀粉补到珠子有残缺的位置，再打磨。

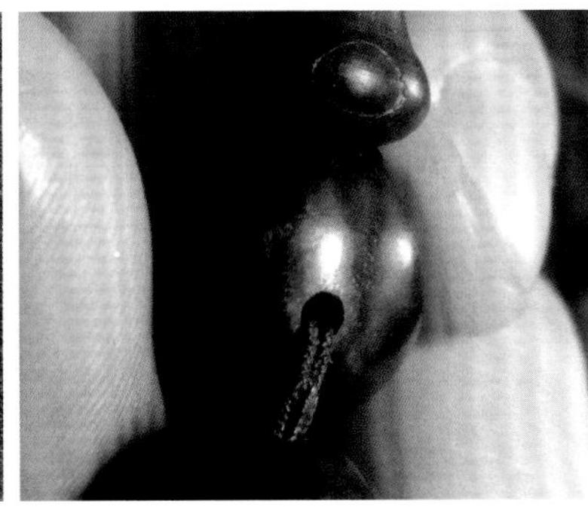

粉补过的紫檀珠子

三通歪孔：这样的三通，串佛塔后，佛塔不正，与三通有斜角。

三通打歪的紫檀珠子

佛塔缺陷：佛塔常不是同料的，要检查有没有缺和裂。

佛塔有缺陷的紫檀珠子

佛塔下三通有裂：三通常用缺陷的珠子制作，要检查佛塔下有没有缺和裂。

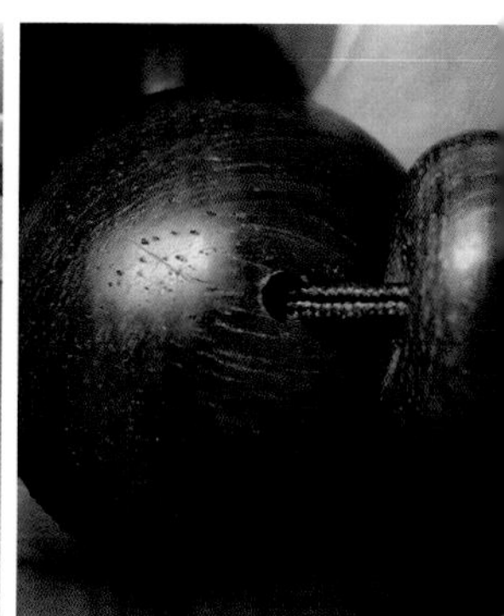

紫檀 2.5 珠子佛塔下三通有裂纹

第二节 紫檀珠子的盘玩和保养

关于小叶紫檀的盘玩和保养，网上有很多相关的文章，内容大体相同。这里列出几条主要的保养使用说明，供大家参考：

1. 存放处要避免阳光长时间直射，不要放在空调或窗口等强风下。

2. 不要浸水、近火，如果不慎浸水可用干布吸去表面水分，阴干后再盘玩。

3. 刚买来的紫檀佛珠、把玩件等产品不宜急于上手，最好先用棉布手套盘玩两周，每天 30 分钟左右，手套会变为红色，是紫檀毛孔中的粉末粘到手套上，属正常现象，两周后可用手直接盘玩。

4. 小叶紫檀产品成品时，颜色一般都是橘红色，经与空气接触氧化、光线照射或人工盘玩，数月后，表面会逐渐变成紫黑。所以买到产品时，可能会跟成品时的色彩不一样，属正常现象。

5. 紫檀制品不宜与檀香、沉香及樟木等气味不同的木制品放在一起，也不要用木制盒子装存，以免串味。

其实佩戴紫檀珠子既是为了美观，也是为静心养身，所以不要太过于追求玩法或保养。有些朋友买回家后一直藏着，舍不得上手。如果不是为了收藏的珠子，这样做没有太多的必要。

有些用户会购不同材质的皮袋或布袋，将珠子拆散了放到袋中不停地搓，一段时间后珠子变得很光亮。

搓珠子用的布袋和皮袋

这样搓亮的珠子，看起来油亮油亮的，表面会形成一层薄薄的包浆，有些高油密的珠子还会有荧光。

包浆其实是紫檀长时间氧化后形成的氧化层。包浆的形成取决于紫檀的料质和氧化时间。紫檀的氧化分为自然氧化和人工氧化，自然氧化是指紫檀原木或器物，自然放置若干年后，未经任何人工把玩使

用布袋搓过后的
金星珠子

用而形成包浆，有犀角般柔润光滑的手感，富有灵性；人工氧化是指紫檀原木或器物，通过人为摩擦使用加速其氧化，形成包浆，这种包浆时间短，“浆嫩”，像黑玻璃一样光亮，偏硬、偏冷，相对于自然形成的包浆显呆板。

紫檀老家具不常碰到部位自然形成的包浆

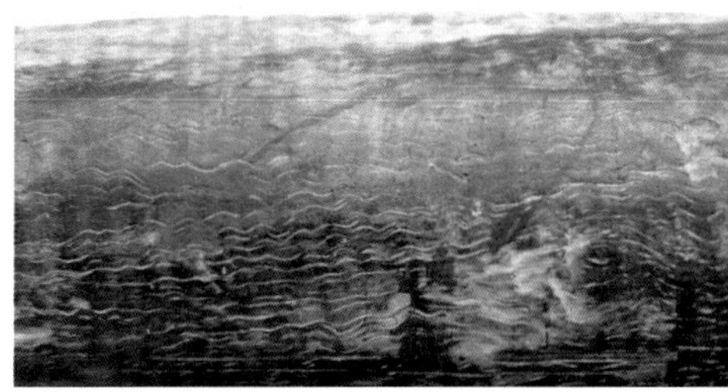

切开一个口子，可以看到已氧化很深，里层也已形成包浆。由里到外都是包浆。色泽料质都感觉很柔和。

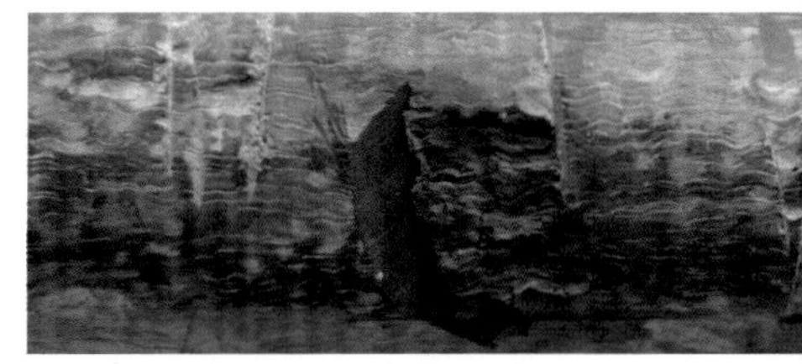

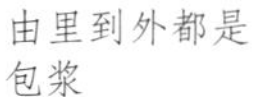

由里到外都是包浆

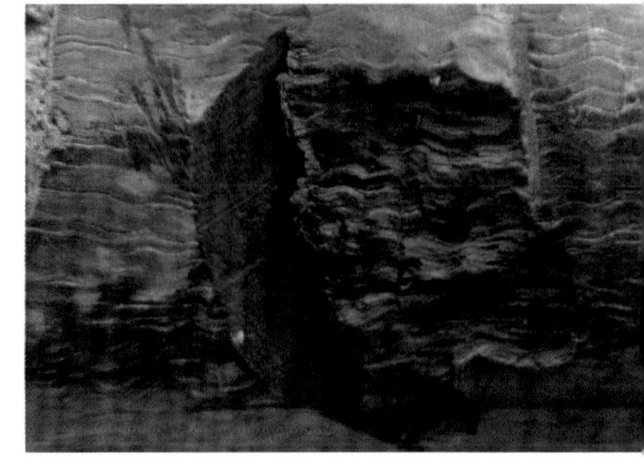

第三节
印度珠和裸珠

第八章提到印度珠坯的生产加工。在我国再加工的印度珠坯，相对印度本地生产的珠子质量要好些，但在印度生产的珠子也并非都质量不行，有些非官方的地下生产商加工的珠子也很不错，只是销售时不会出具清单。

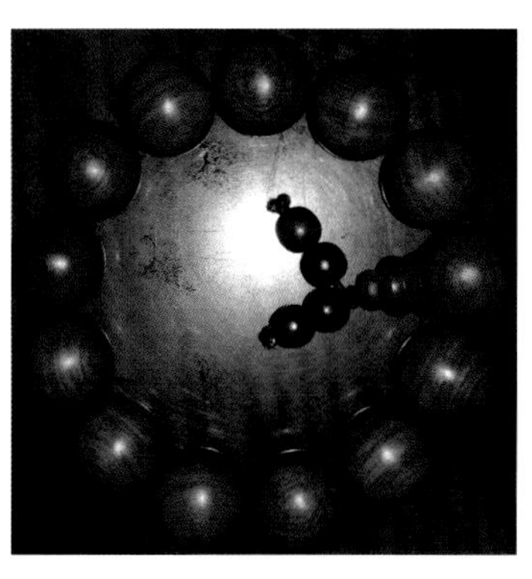

印度非官方生产的珠子（购于孟买）

这些珠子加工质量不错，珠子比较圆，小孔，孔径 1.5mm，没有修补，没有开裂，三通也打得正，表面打磨平整，比官方的要好。

印度官方紫檀珠子不圆有补

印度周边国家也有很多生产紫檀珠子的，质量也还不错。

泰国生产的紫檀珠子

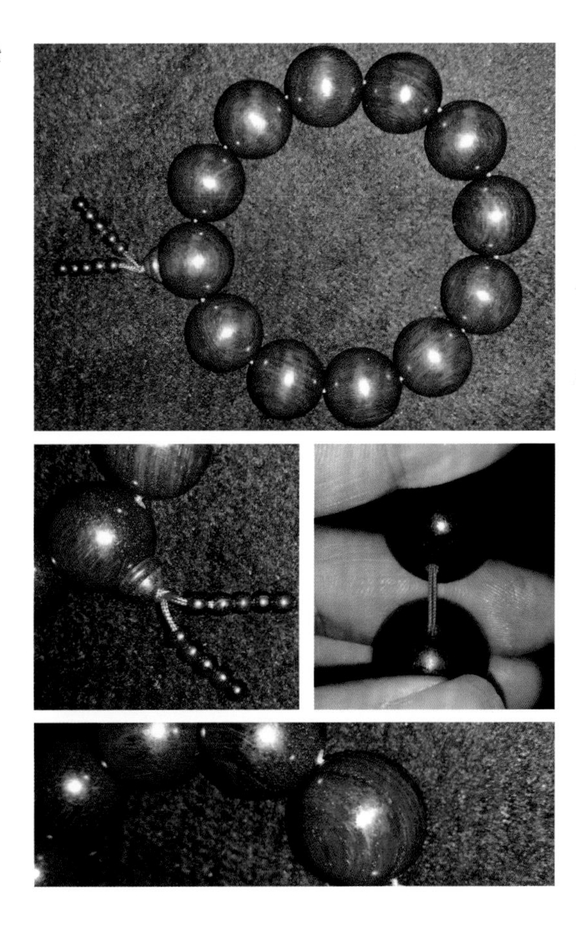

裸珠是指直接手工制作或机床车出，未经打磨的珠子。裸珠给人的感觉更加厚实，质感更强。看多了打磨得光光滑滑的珠子，再把玩这种裸珠，让人有耳目一新的感觉。

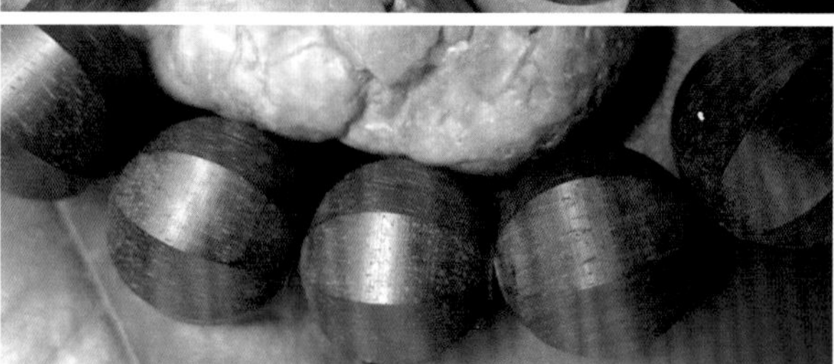

紫檀机床直接车制的灯笼裸珠

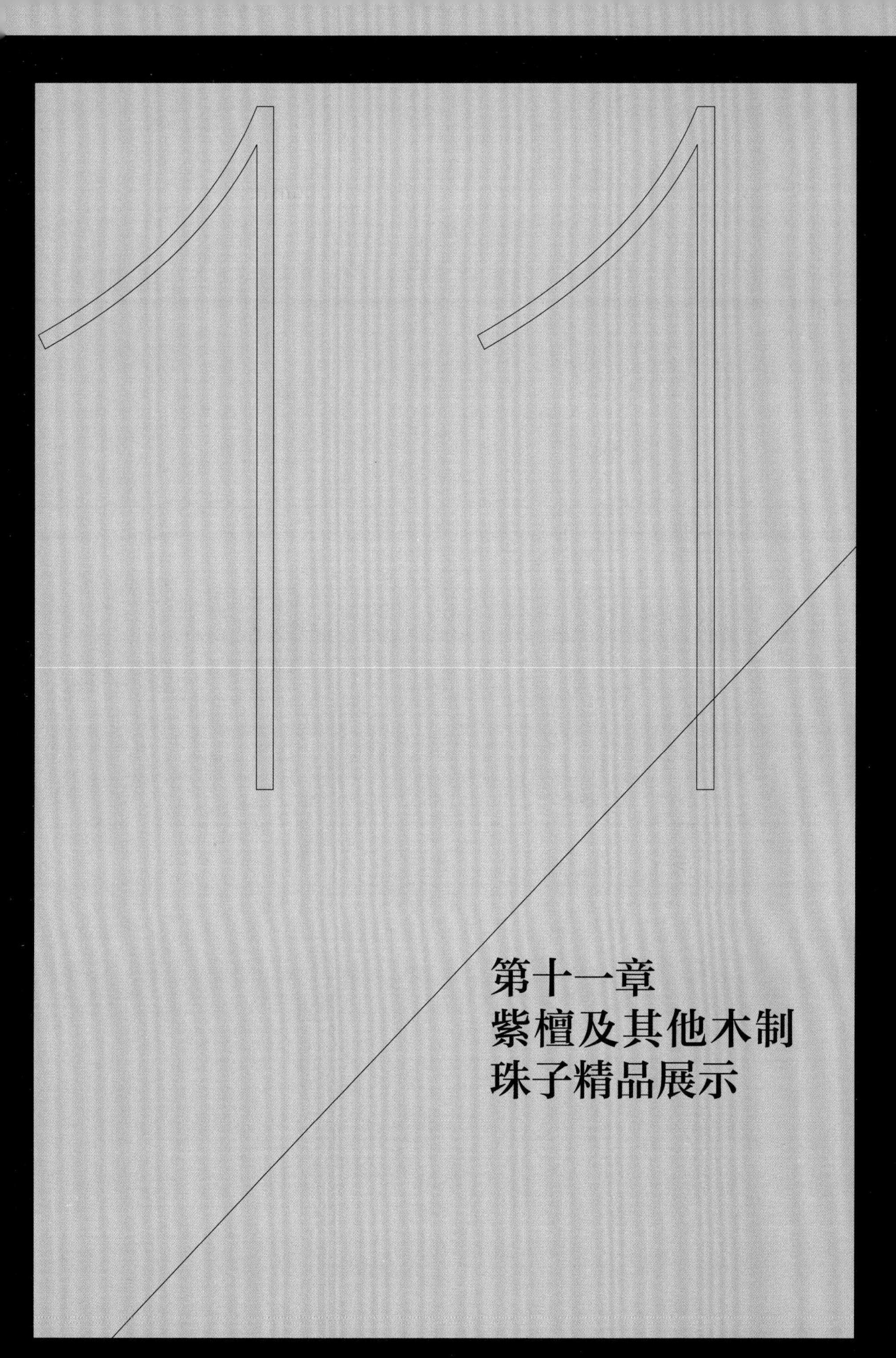

第十一章 紫檀及其他木制珠子精品展示

第一节
螺旋星珠子

紫檀螺旋星珠子分瘤疤螺旋星和水波螺旋星两种，以水波螺旋星更为稀少。

紫檀 2.0 水波螺旋金星珠子：此串紫檀珠子水波明显，双面透彻，料质细腻，毛孔稀且细，大部分卷曲成螺旋状，每颗珠子至少 3 个以上螺旋金星，部分珠子单珠含螺旋星 10 个以上，非常少见。

紫檀 2.0 水波螺旋金星珠子

紫檀 2.0 水波螺旋金星珠子

紫檀2.0水波螺旋金星珠子

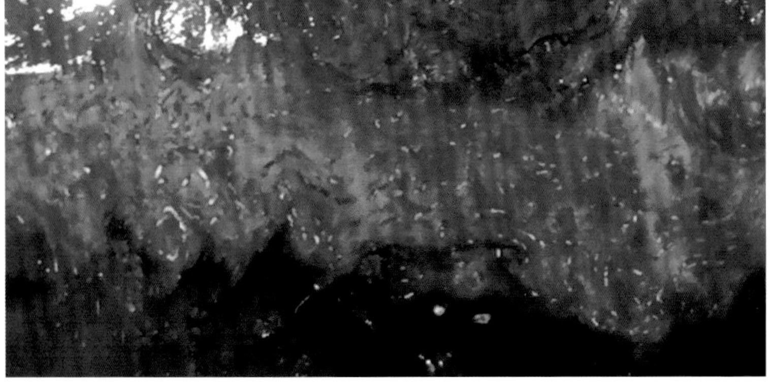

紫檀 0.7×0.9 水波螺旋金星珠子：此串紫檀珠子为鸡血老料螺旋金星，料质油润细腻，毛孔稀少，卷曲成螺旋状，每颗珠子至少 1 个以上螺旋金星，在 0.7×0.9 规格的紫檀珠子上，同料 108 颗，颗颗带螺旋的很少见。

紫檀 0.7×0.9 水波螺旋金星珠子

紫檀 0.7×0.9 水波螺旋金星珠子

第二节
瘤疤珠子

紫檀瘤疤珠子分粗瘤和细瘤，瘤疤越细越密越漂亮，但瘤疤珠子大多数会有裂、缺或黑点之类的瑕疵，并且密度也相对于没有瘤疤的珠子要小。

紫檀 2.0 胡椒瘿珠子：每颗珠子均含胡椒瘿 10 个以上。

紫檀 2.0 胡椒瘿珠子

从图片中可以看到，沿着瘤疤横切面上是圆点，像胡椒子；竖切为橘瓣状，不同的面纹理有所不同。

紫檀 2.0 胡椒瘿珠子竖切面

第三节
金星珠子

紫檀金星珠子分粗星和细星。粗星更漂亮，但容易盘掉；细星不明显，但不容易盘掉。粗星里有一种“肉中星”，星都卡在高密度的紫檀木纤维中，盘玩后不会掉落，当星周边的紫檀木粉和导管中的杂质被盘掉后，里面的金星千姿百态、神奇活现。有些露出一个椭圆面，另一面嵌在导管中，就像一颗颗微型的黄色米粒；有些露出了一个头，另一头埋在木质中，像刚长出的黄色豆瓣，个个清晰明亮，丰满圆润；还有一些金星，断断续续地连成线，像金色的香肠，挂在橘红色的导管中。

紫檀 1.8 爆星珠子：金星很粗很满，卡在导管中，盘玩半年后未掉落。

紫檀 1.8 爆星珠子

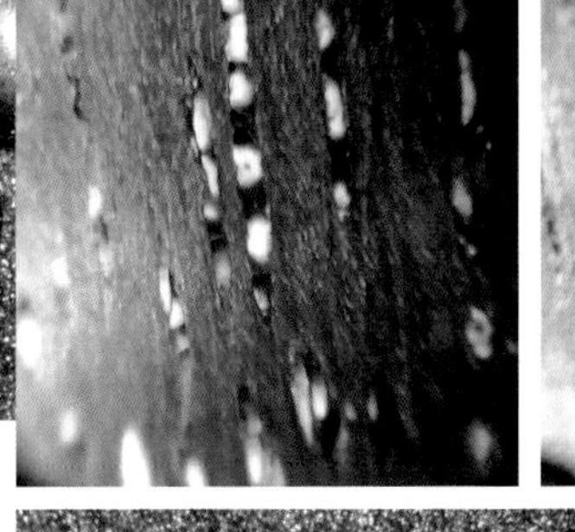

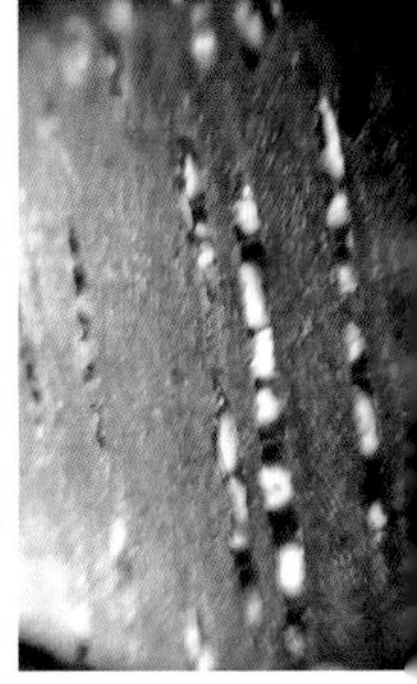

紫檀 1.8 爆星珠子

紫檀 1.8 爆星珠子

紫檀 0.7×0.9 满星珠子：刚成品的满星珠子挂链。

紫檀 0.7×0.9 满星珠子

紫檀 0.7×0.9 满星珠子

第四节
水波纹珠子

紫檀水波纹珠子分平行波、闪电波、猫眼波等纹理。带水波纹的珠子往往更轻。

紫檀 2.0 水波纹珠子：每颗珠子都带多条平行波纹。

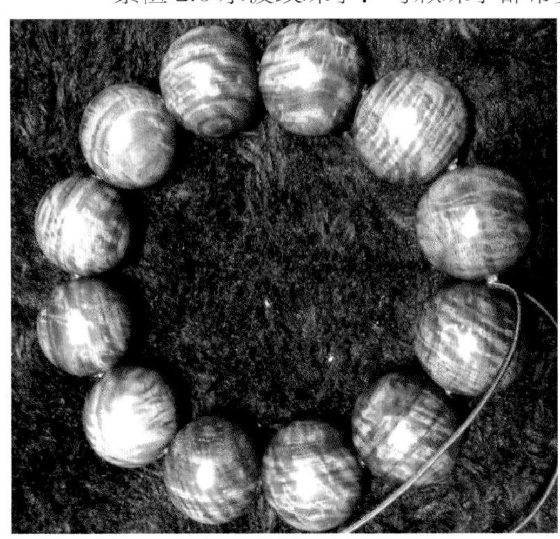

紫檀 2.0 水波纹珠子

紫檀 2.0 水波纹珠子

紫檀 2.0×1.5 水波纹竹节珠子

紫檀 2.0×1.5 水波纹竹节珠子打上油后的效果

第五节
泥料珠子

紫檀泥料珠子实际上就是毛孔比较少的珠子。

紫檀 1.8 泥料珠子：每颗珠子毛孔都很细很稀。

紫檀 1.8 泥料珠子

紫檀 0.6×0.8 泥料珠子：每颗珠子很少毛孔。

紫檀 0.6×0.8 泥料珠子

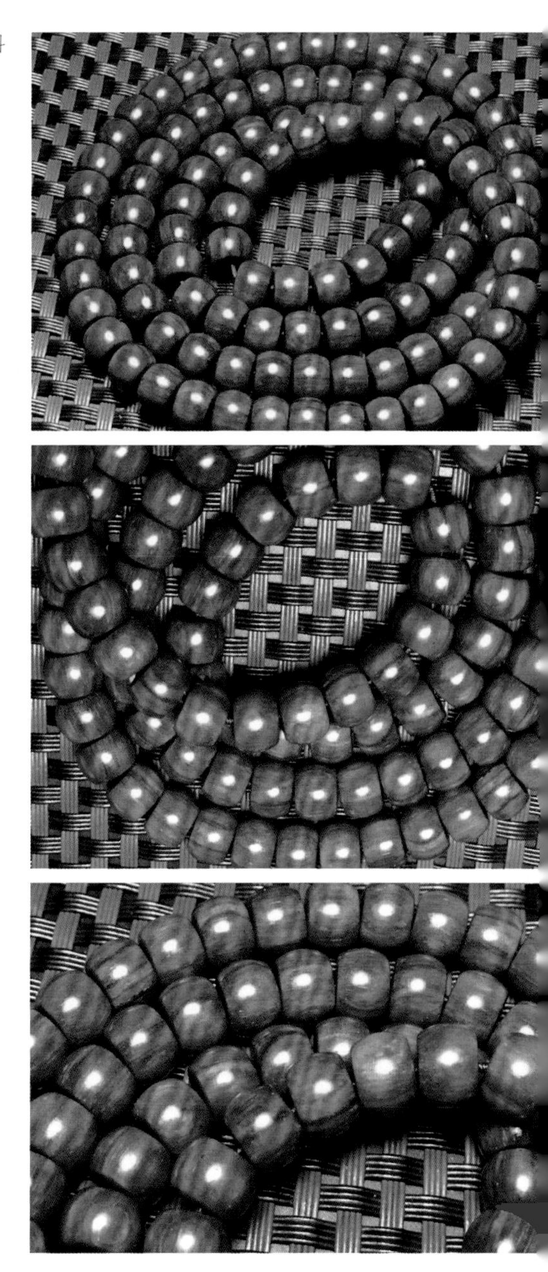

第六节
黄花梨与紫檀柳对眼珠子

紫檀极少有对眼珠子，有也是没有纹理，不漂亮。本节主要是讲述海南黄花梨和紫檀柳对眼珠子，并对它们的纹理进行比较，以便读者识别。

海南黄花梨紫油梨 2.0 对眼珠子：每颗都是对眼珠子。

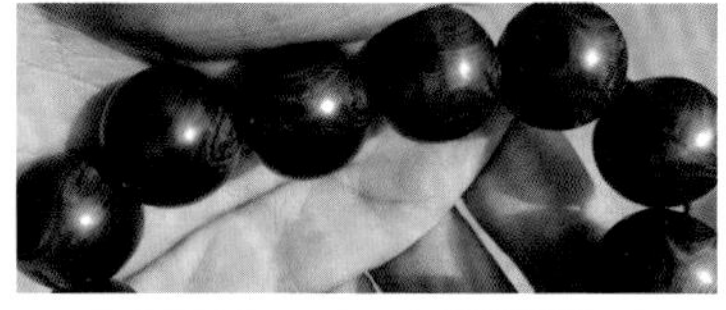

海南黄花梨 2.0 对眼珠子

海南黄花梨 2.0 对眼珠子与紫檀柳 2.0 对眼珠子。

海南黄花梨 2.0 对眼珠子（左）与紫檀柳 2.0 对眼珠子（右）对比

海黄 2.0 蜘蛛对眼珠子（左）与紫檀柳 2.0 蜘蛛对眼珠子（右）对比

紫檀柳 2.0 对眼珠子：每颗对眼珠子，纹路都在四圈以上。

紫檀柳 2.0 对眼珠子

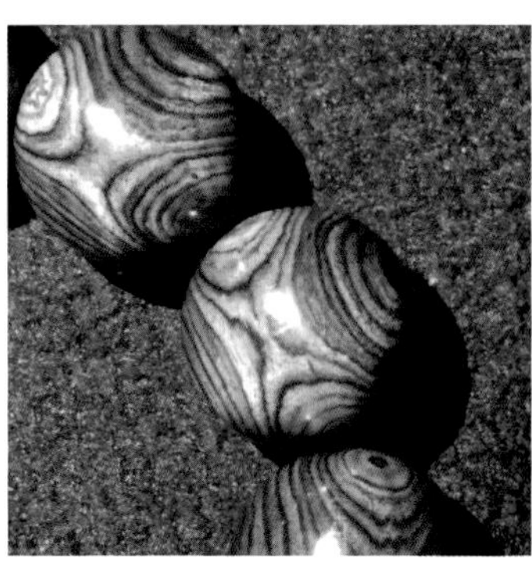

第七节
其他材质珠子及多宝珠

为了便于大家熟悉不同木质的珠子，下面将市场上不常见的几种列出图示。酸枝、血檀、楠木、崖柏和紫光檀等之前有介绍，这里不再列出。

科檀 2.0 珠子

虎皮檀（又名虎斑木）
1.5 珠子

花奇楠（越南藤类植物）
2.0 珠子

紫罗兰(紫芯苏木)
0.8珠子

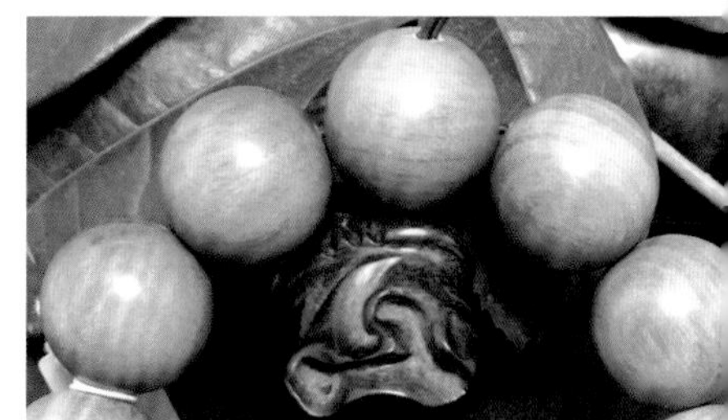

血龙木2.0珠子

红豆杉 1.8 珠子

海南花梨公（海南黄檀）
0.7×0.9 珠子

广西黄花梨（又名紫油木）
2.0 珠子

多宝珠图